谈光说源

沙振舜　编著

江苏省学会服务中心
江苏省科普服务中心
江苏省科协人才服务中心
江苏省物理学会

组织编写

 南京大学出版社

图书在版编目（CIP）数据

谈光说源 / 沙振舜编著 . -- 南京 : 南京大学出版
社 , 2025. 7. -- ISBN 978-7-305-29484-6

Ⅰ . O43-49

中国国家版本馆 CIP 数据核字第 2025B0N629 号

出版发行　南京大学出版社
社　　址　南京市汉口路 22 号　　邮　编　210093
书　　名　谈光说源
　　　　　TANGUANG SHUOYUAN
编　　著　沙振舜
责任编辑　王南雁　　　　　　　编辑热线 025-83595840

照　　排　南京开卷文化传媒有限公司
印　　刷　南京新世纪联盟印务有限公司
开　　本　718 mm×1000 mm　1/16　印张 9　字数 143 千
版　　次　2025 年 7 月第 1 版　2025 年 7 月第 1 次印刷
ISBN　978-7-305-29484-6
定　　价　68.00 元

网址：http://www.njupco.com
官方微博：http://weibo.com/njupco
官方微信号：njupress
销售咨询热线：025-83594756

编审委员会

主　任

马立涛

副主任

张海珍　许　昌

成　员

唐　明　耿海青　苏　洁
李　李　吉　人　刘添乐
程　程

前 言
FOREWORD

　　灯，发出灿烂光辉，普照天下众生，驱散黑暗、不安和寒冷，带来温暖、美好、希望与光明。灯光辉煌，照耀着人类走向未来的道路，指引着前进的方向。

　　我喜欢灯，我讴歌灯。在追光的路上，很多人为它付出心血和劳动，照明人士共同为这项光明事业做出贡献。像天上闪耀的群星，更像照明建设者的眼睛，凝视着光明之路。他们历经磨难、不辞劳苦、勇于创新、执着发明，他们坚信："没有磨难，何来荣耀；没有挫折，何来辉煌；没有辛苦，何来成功。"我敬佩他们，歌颂他们，记载他们，我们勿忘老一辈开拓者和新一代精英传承者。

　　我对灯并不陌生，这一辈子用过各种各样的灯：从菜油灯、煤油灯，到白炽灯、荧光灯、钠灯、LED 灯。灯变得越来越明亮、小巧、方便和耐用。我作为照明电光源的爱好者，在撰写本书的过程中，对电照明技术的前世今生与未来有了一些理解，并不断学习和积累相关知识，而且想把学习的心得感悟、体会感受，与广大读者分享。我要将灯的历史故事，照明战线上的英雄业绩传诵，欲同大家共同谱写一曲灯的颂歌，于是编著了这本小书，名为《谈光说源》。

　　在追光的路上，电的利用为照明家族的发展注入了新的原动力，开创了用电来照明的历史，随后电灯被发明了，正确地说照明电光源或者电照明诞生了，进而有了白炽灯、日光灯、汞灯、钠灯……。电照明让大千世界变得更加光彩夺目，绚丽多姿。照明电光源彻底改变了人们的日常生活，也让人类对之更加依赖。电照明是科学技术发展的产物，是电光源工作者辛勤劳动的结晶。

照明电光源家族从不停步，一面改进、一面创新，使得人们不断新灯换旧灯。在当今社会倡导环保节能的形势下，需要发展新一代固态照明，以节约电力资源，改善人们生活质量。

本书共分五章：前四章分别介绍照明电光源家族的四代灯，第五章简述照明电光源的未来展望。另有两个附录：附录一，电光源常用术语；附录二，照明电光源发展年表。对电光源基本名词术语不大清楚的读者，可从附录中查阅。

这是一本电气照明的科普书，也是一本励志书。本书主要对推动电光源进步的人和事进行介绍，简略电光源的技术和工艺方面的介绍。旨在让读者了解当初发明或改进这些照明电光源的人，一不墨守成规、敢于创新；二艰苦探索、敢于攀登。学习他们的科学精神，激发自身克服困难、砥砺奋进的勇气。

本书有四大特点。一是注重人而非物，侧重精神而非技术，这是与已有的电光源书籍的不同之处。二是在介绍各代电灯时，着重其发光的物理原理以及发明经历，以使读者知其然，也知其所以然。三是侧重当前的电光源产品，如 LED 灯、OLED 灯，做到厚今薄古。四是指出各代照明电光源的缺点或不足之处，让读者体会到人类就是在不断克服事物缺点的过程中有所创造、不断前进的。

本书在写作过程中参考了大量书籍，不能一一列出，同时也引用了互联网上的资料，在此向这些书籍和资料的原作者表示衷心的感谢。在本书编写和出版过程中，得到了南京大学出版社吴汀、王南雁、巩奚若老师的支持和帮助，在此也向他们表示衷心的感谢。

当前科学技术发展迅速、日新月异，而且照明电光源涉及面广，品种繁多，实用性强，由于作者水平有限，书中难免存在错误或不足之处，敬请专家和读者批评指正。

编著者 2024/11/18

目 录

CONTENTS

第一章

第一代照明电光源——白炽灯

　　这是一场别开生面的家族史座谈会。一位满头银发、慈眉善目的老者（白首翁），娓娓而谈：我是电光源家族的代言人，我来介绍一下这个家族的历史。电光源是个大家族，它的成员比世界上人类民族的种类还要多，它的产品总数比世界上人口数多得多。200多年来，这个大家族已经繁衍了四代，而且还将延续下去，生生不息。

　　夜幕降临，华灯初上，万家灯火，星火通明，给夜色增添了绚丽的色彩。灯光驱散了黑暗，带来了希望与期盼，照耀着人类走向未来的道路。照明对人类的发展发挥了重要作用。

　　照明电光源照亮了千家万户，为人类送来光明，每个人对它都不陌生，甚至可以说司空见惯。然而，日益增多的电光源新品种或许有人并不太了解，读者朋友，你是否想知道照明电光源的发展史和工作原理？是否想了解电光源产品的前世、今生和未来？让我在这本书里告诉你。

第一节　照明电光源家族的鼻祖

电能用于照明是从碳极弧光灯开始的。这事还要追溯到 19 世纪初期。

图 1-1　富兰克林的风筝实验

1802 年，俄国彼得堡外科医学院的物理学教授彼德罗夫（Петро́в，1761—1834），受美国物理学家富兰克林风筝实验产生火花一事启发，打算"以电取光"。

彼德罗夫用伏打电堆（图 1-2）研究放电现象，当电池组两端被导线连接时产生了电火花。

有一天，他做研究木炭的导电性的实验。他用两根导线把一根碳棒的两端分别连到电池组的阴极、阳极上。在实验过程中，他不小心把碳棒折断了，一根碳棒变成了两根。他把折断处仔细对好，使两个端头靠得很近，然后再与电源相接。就在接上电源的一瞬间，两根折断的碳棒之间突然出现了一道白亮耀眼的弧状闪光。

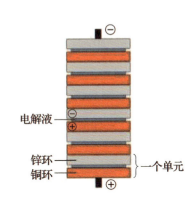

电解液
锌环
铜环
一个单元

图1-2　伏打电堆实物及示意图

他把这个实验又做了几遍，并且有意识地把两根碳棒分别连上导线，然后接到电源上。他让两根碳棒的端头碰到一起，通电后，再慢慢地拉开到一小段距离。这时候，那道奇妙的弧状闪光又出现在两根碳棒的缝隙之间。放电的火花不是转瞬即逝，而是成为白色耀眼的电弧，于是他发现了"电弧"。他在实验报告中写道："如果把两根碳棒彼此接近，那么，这就使碳棒很快地或者慢慢地燃烧掉，并且可以在碳棒中间出现非常明亮的白色光或白色火焰，从而照亮黑暗的大房间。"

他还畅想能不能把电弧变成持久的灯光，以供照明之用。他在《电流-电压实验》中阐述电弧发光现象，提出了弧光照明的设想，指出："电弧的光将使黑暗变成一片光明。"这是人类关于电光源照明的最早论述，提出这种大胆设想的人，一是不墨守成规、敢于创新，二是肯艰苦探索、勇于攀登。

1809年，英国著名化学家汉弗莱·戴维也发现了电弧。他用了2 000个伏打电堆和两根碳棒，得到了更强烈明亮的弧

图1-3　汉弗莱·戴维

光，制成世界上第一盏弧光灯。

汉弗莱·戴维（Humphry Davy，1778—1829）1778 年 12 月 17 日出生在英国彭赞斯贫民家庭里。戴维从小就很聪明，喜欢追根究底，总想着探讨、发现什么新鲜的东西。戴维小时候的老师经常夸奖他天赋高，学习勤奋。他 17 岁时就开始自学化学，所以他的母亲将他送到药房去工作。药房的工作经历为他日后走上化学研究的道路奠定了基础。

图 1-4　戴维发明弧光灯

图 1-5　迈克尔·法拉第

从照片（图 1-3）可以看出，戴维是一位英俊男子。他才思敏捷，富于创造和实践的能力，并有敢于冒险、勇于为科学献身的精神。戴维一生的科学研究涉及气体实验、电化学、发现新元素等方面，均取得了辉煌的成就。戴维了解到亚历山德罗·伏特（Alessandro Volta，1745—1827）发明伏打电堆的消息后，立即投身这个研究领域中。他在研究中利用了伏打电堆这种当时先进的实验工具，来研究电的化学效应，开辟了用电解法制取金属元素的新途径。他制得了钾和钠，后来又制得了钡、镁、钙、锶等碱土金属。之后他又用强还原性的钾制取了硼。他还用实验证明了氢是一种化学元素，提出酸里不可缺少的元素是氢。

戴维不仅是一位优秀的化学家，还是一个很有眼光的伯乐，正是他发现了迈克尔·法拉第（Michael Faraday，1791—1867）的才能。戴维是法拉第的老师，1813年他任命法拉第为他的助手，使这个贫穷的订书工逐渐成

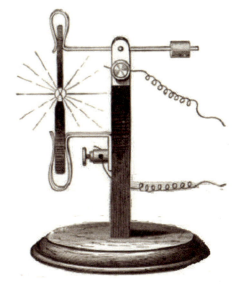

图1-6　戴维的弧光灯示意图

长为英国著名的物理学家，这是戴维对科学事业的又一重要贡献。

下面书归正传，讲述戴维发明碳极弧光灯的故事。

戴维在用碳棒做电流热效应实验时，为了得到强大的电流，将2 000个伏打电堆串联起来作为电源，两端引出导线，连在两根碳棒上（图1-6）。他发现两根碳棒靠得很近的时候，产生了明亮刺眼的电火花，由于放电的火花形成弧线，所以把它称为弧光或电弧。

接着戴维思考，如果将电极距离增加一些，火花的长度是不是会延长一点？但是实际情况相反，当他把电极的距离拉长后，火花反而不见了。所以，做这个实验的时候，需要隔一会儿就把两根碳棒的距离拉近一点儿，因为碳棒的端头经受不住电弧产生的高温，会逐渐被烧掉缩短，所以必须使两棒之间的距离保持在4 ~ 6毫米之内，弧光才能持久不灭。戴维并不灰心，克服困

图1-7　碳极电弧灯

难，反复试验下去，终于在 1809 年制成了碳极电弧灯（图 1-7），这是人类最早利用电照明的成功尝试。

不过戴维研制的碳极电弧灯存在不少缺点：它的光芒刺眼；寿命太短，因为电流很大，碳极烧损快，要维持弧光，就要不断调节两根碳棒间的距离。此外碳极打火之后，要冒出呛人的气味和黑烟，这就很难用于室内照明，只能安装在街道或广场上，普通家庭无法使用。

人类就是在克服事物的缺点中不断前进的。电弧灯有缺憾，就有人改进：后来法国科技人员给弧光装置装上了一种钟表装置，使它能够自动调节两根碳棒间的距离。这样，实用的碳极弧光灯才正式诞生。

1876 年，俄国电工技师帕维尔·亚布洛奇科夫（Pavel Yablochkov，1847—1894）对弧光灯进行了较大的改革。他让两根碳棒并排竖立，中间隔着一块绝缘片，还设计了特制的交流发电机，供作电弧灯电源，使两根碳棒交替地充当阳极和阴极，这样两根碳棒的烧损速度就基本相同，端头之间的距离也就可以保持不变了。由于这两根并排竖立的碳棒在发光的时候像蜡烛一样，人们就给它取名叫"电烛"。在他的指导下，由巴黎的格拉姆工厂生产了这种电弧灯，所以这种灯亦称"亚布洛奇科夫灯"，曾一度在世界范围内使用，至此，人类开始"沐浴"在电照明的光辉里。

尽管电弧灯有不少缺点，但是曾经有些国家还是在灯塔、剧院和广场采用。例如，在英国，每当议会举行例会时，西敏寺伦敦宫的钟楼上安装的电弧灯就会放出夺目的光芒。又如，大约在 1844 年，手调碳极电弧灯第一次在巴黎大剧院出现。随后电弧灯开始照亮法国巴黎街道，取代了万盏煤气灯。

1867 年，英国教授霍尔姆斯（F.H.Holmes，1812—1875）设计出供大型电弧灯使用的直流发电机。第二年，在法拉第指导下，在南福尔兰岛（South Foreland）上霍尔姆斯发电机点燃了第一个电弧航标灯。

关于灯塔，古希腊有一个凄美的传说。大意是：姐姐爱尔克等待出海远航的弟弟，弟弟出海后一直都没回来，大家都说他已经遇难，只有他的姐姐爱尔克不相信，日夜在最接近海的礁石上等待。夜里她怕归来的弟弟看不见岸，就举着一盏灯，时间久了，她变成了灯塔。所以，灯塔又称作"爱尔克的灯光"。"孤寂的海上的灯塔挽救了许多船只的沉没，任何航行的船只都可以得到那灯光的指引。"

大约到 19 世纪末，由于白炽灯的出现，电弧灯就基本退出了照明舞台。

顺带说一下戴维的另一项科技成果：1815 年他发明了煤矿安全灯，即用金属丝罩罩在矿灯外，金属丝导走热能，矿井中可燃性气体达不到燃点，就不会爆炸，从而解决了瓦斯爆炸问题，造福于矿工。煤矿安全灯一直沿用到 20 世纪 30 年代。

上面谈的是电光源鼻祖的来历。弧光灯的问世开辟了电光源照明的新时代，就像一部交响乐章的序曲。尽管后来被淘汰，但它的设计思想和技术为电光源家族奠定了基础，后来研制的氙灯就是基于弧光放电的原理，此是后话。

第二节　白炽灯的研制

白炽灯于 1879 年问世，首先谈谈这项发明的时代背景。

19 世纪下半叶，各种新技术、新发明迅速应用于工业生产，第二次工业革命蓬勃兴起。这次工业革命的成就之一是电力的广泛应用。1866 年，德国人西门子制成了发电机；到 19 世纪 70 年代，实际可用的发电机问世。有了发电机，人们就可以获得比电池更稳定且持久的电力，成为补充和取代以蒸汽机为动力的新能源，随后人类进入了"电气时代"，于是电器开始代替机器。电能最早的用途之一就是照明，电光源家族起源于第二次工业革命时期。

图 1-8　约瑟夫·斯旺

英国工程师约瑟夫·斯旺（Joseph Swan，1828—1914）是最早想出制作电灯的人。他经过近30年的研究，于1878年制成了以碳化纸灯丝通电发光的真空灯泡，并申请了专利。正是有关斯旺的电灯泡报道给了爱迪生很大的启发，1878年，爱迪生决定研制白炽灯。

爱迪生是何方人士呢？托马斯·阿尔瓦·爱迪生（Thomas Alva Edison，1847—1931）1847年2月11日出生于美国俄亥俄州米兰镇。父亲是荷兰人的后裔，母亲是苏格兰人的后裔，曾当过小学教师。

图1-9　青年爱迪生

年少时的爱迪生是一个爱追问、爱思考的孩子，8岁时上学，由于身体原因，仅仅读了三个月的书，从此以后，他的母亲成了他的"家庭教师"。由于母亲良好的教育方法，使得他对读书发生了浓厚的兴趣。他不仅博览群书，而且能一目十行，过目成诵。

12岁的时候，爱迪生获得列车上售报的工作，在列车上他一边卖报，一边兼做水果、蔬菜生意。他用赚取的钱买书，在车上建立了自己的化学实验室。但是很不幸有一次因化学药品着火，实验室爆炸，他连同他的设备全被列车员扔出车外，还被打了耳光，导致爱迪生成为终身聋子，但是他并未因此而放弃工作、创新发明，爱迪生仍然以不屈不挠的精神，坚持不懈地从事科技事业。

他一生几乎都是在实验室中度过的。他一生中共完成近2 000项发明，其中最重要的发明是电灯和留声机，还有发报机、电影、电车、蓄电池、打字机、橡胶等重要发明，为人类的文明和进步做出了巨大的贡献，成为举世闻名的电学家和发明家，被誉为"发明大王"。有人把他称为"把电的福音传播到人间的天使"。

当有人称他是个"天才"时，他却谦虚地说："天才就是百分之一的灵感加上百分之九十九的汗水。"这句名言成为激励人们勤奋努力的座右铭。

下面我们再谈谈爱迪生是怎样发明白炽灯的。

想当年，爱迪生听说有英国人发明了白炽灯，但是白炽灯的寿命非常短。在强大电流的作用下，灯丝会很快被烧断。主要原因是在白炽灯的玻璃灯泡内真空度难以做到足够高，以及没有找到真正耐高温的灯丝材料。说实在的，现在看来这么简单的白炽灯，最初研制真的是困难重重。这正是："看似寻常最奇崛，成如容易却艰辛。"爱迪生下决心攻克技术难题，制造长寿、明亮、实用的白炽灯。他以大无畏的气慨，"明知山有虎，偏向虎山行"，以"不入虎穴，焉得虎子"的勇气，在克服困难中前进。让我们看看他是怎样解决这些难题的！

1877 年，爱迪生开始投入对电灯的研究，实现电能转换为光的道路是曲折和不平坦的。前面确实存在拦路虎，那就是如何提高灯泡的真空度和采用耗电少、发光强且价格便宜的耐热材料作灯丝。

众所周知，物体发光的关键是要有一定的温度。"白亮刺眼"这种现象，可以称为"白炽"。任何物体达到白炽的状态，都会发出白亮的光。至于为什么火钩只是发红，而从炼铁炉里倒出来的铁水却是白亮刺眼的，皆因温度不同。

为了研制适合的灯丝，做出长寿的灯泡，爱迪生常常在实验室里连续工作几十小时，可以用"夜以继日、废寝忘食"来形容。据说，他和他的助手们开始试验了 1 600 多种耐热材料，最后发现竹子纤维经碳化后所成的碳丝做灯丝，寿命最长。有了碳丝，只要给碳丝通上电流，它就会逐渐发热。当温度升高到 550 ℃以上的时候，碳丝果然灼热发光了：开始是红色，当温度升到 2 000 ℃以上时逐渐发白，最后完全变成白色。与强烈的电弧光相比，炽热碳丝发出的光要柔和得多，明亮而不刺眼。然而，碳丝在高温下很容易被空气中氧气氧化而烧断，碳丝寿命不太长，最初只有几十小时。因此，不让碳丝与空气中氧气接触成了研制白炽灯的又一难题，有人提议将碳丝装入透明玻璃泡，再抽真空，这样碳丝通电后，就不会因氧化而烧毁了。所幸，德国的玻璃工盖斯勒和英国著名的物理学家克鲁克斯分

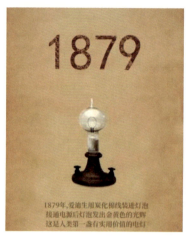

图 1-10　爱迪生研制的碳丝白炽灯

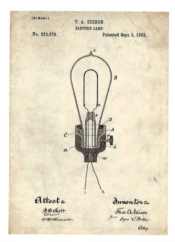

图 1-11　爱迪生申请的白炽灯专利

别在 1854 年和 1875 年发明和改进了性能良好的抽气机（真空泵），能把玻璃泡里的空气抽出，这帮了爱迪生的大忙。

1879 年 10 月 21 日，在美国新泽西州的一间实验室里，爱迪生把很细的碳化纤维丝封在一个玻璃泡里面，利用真空泵把玻璃泡里的空气抽走，达

图 1-12　奢华的电灯展示很快成为公共活动的一大特色（1897 年美国田纳西州百年纪念和国际博览会）

到真空状态，再稳定地供给电压，使白炽灯的灯丝温度高达 2 000 ℃以上，灯丝发出明亮而持久的白光。照明历史中真正意义上的第一盏白炽灯诞生了，开启了电气化照明的新纪元。这一年的新年之夜，他把他的电灯公开展出，照亮了他所在的门罗公园的主要街道。同时爱迪生及其助手还将电灯推广到了成千上万的普通百姓家中，极大地改善了人们的生活。由此爱迪生成为了被公认的电灯发明人。随之爱迪生申请了碳丝白炽灯的专利。

回溯既往，事实上，早在碳丝白炽灯诞生以前，人们就试用过多种难熔金属来作灯丝。爱迪生也曾用铂丝作过灯丝，点亮了 8 分钟到 2 个小时。除了铂和铱之外，他还试过铝、硼、铬、金、银、钛、钡，等等，都不如铂丝好。只是由于当时抽气的真空度不高，铂的熔点又偏低，时间一久，灯丝便烧毁，所以没有取得成功。后来才转向碳丝做灯丝。

碳丝白炽灯研制成功，标志着人类使用电灯的历史正式开始。然而，这种碳丝电灯亮度不理想，灯丝的制作方法比较复杂，使用的寿命也不是很长。因此，世界上许多科学家都在致力于白炽灯的改进。

在将电能转换成光的过程中，不少国家的人进行接力式的探索研究，许多科技工作者贡献了自己的聪明才智。正所谓："众人拾柴火焰高。"

进入 20 世纪，爱迪生原来的同事、美国人威廉·大卫·柯立芝（William David Coolidge， 1873—1975）研制出拉钨丝的装置，发明了用钨丝作灯丝的白炽灯。大家知道，在各种所谓难熔的金属里，钨的熔点最高，达 3 400 ℃左右，而且钨的电阻比较高，利用金属钨拉制成灯丝，是比较理想的。经过几年的研制与改进，柯立芝终于在 1909 年制成钨丝白炽灯，这是电照明技术发展史上的一件大事，这种白炽灯的生产成本下降，发光强度和发光效率大大提高，使用寿命比较长。柯立芝于 1913 年 12 月 30 日取得了钨丝灯的专利。后来，钨丝白炽灯便成为主流产品，从此开

图 1-13　钨丝白炽灯

始了用钨作灯丝的时代，并定型使用至今。

对于钨丝灯最早的发明，也有人认为：1904年，奥地利人亚历山大·成斯特和弗兰兹·那曼在前人的基础上，经过反复实验，发明了世界上第一个钨丝灯，即以钨丝做灯丝制成的白炽灯。

在研制白炽灯的过程中有一段插曲：爱迪生制成了以碳化纤维作为灯丝的白炽灯泡。1875年，前面提到的英国人约瑟夫·斯旺改进了他的发明。1878年，斯旺早于爱迪生获得白炽灯专利权。由于专利方面的争议，斯旺在英国将爱迪生告上了法院，但后来他们在法庭外和解，并于1883年一起创办了一家名为Ediswan的联合电灯公司。最后，斯旺还将他的所有权益和专利都卖给了爱迪生。

应该说明，近年来，有人说电灯不是由爱迪生最先发明的，而是由亨利·戈培尔（Heinrich Göbel，1818—1893）发明，后爱迪生进行了改良。亨利·戈培尔出生在德国，后来移民到美国。他早在1854年就发明了竹丝灯泡，只可惜当时没有申请专利，后来由于科研经费不足，他在1875年将这项技术卖给了爱迪生。在拿到这项技术后，爱迪生才开始研究电灯泡。对于上述观点，作者没有详细考证，但可以肯定的是，尽管爱迪生并不是第一个发明白炽灯的人，在他之前很多人都做了相关的研究工作，但他是第一个让白炽灯走出实验室，转变为实用的形式，并将其大规模商业化，推广到寻常百姓家的人，由此爱迪生被公认为白炽灯发明人。

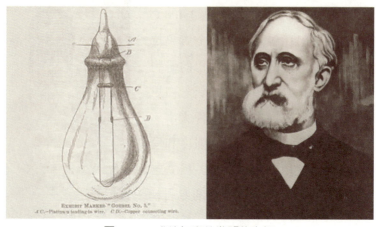

图1-14　戈培尔和他发明的电灯

第三节　电光源家族的一员老将——白炽灯

一、白炽灯的发光原理

照明电光源家族从发光原理上，可分为热辐射光源、气体放电发光光源与电致发光光源。白炽灯是热辐射光源的典型代表。

白炽灯的工作原理很简单，它是根据热辐射原理制成的。由于物体具有温度，因而都能产生热辐射，例如炭或金属加热到 500℃ 左右时会产生暗红色的可见光，随着温度的上升，光会变得更亮更白。

大家在物理课上学过黑体辐射的斯蒂芬-玻耳兹曼定律，即单位时间内，单位表面积上黑体辐射总能量与其绝对温度的 4 次方成正比。钨丝虽不是黑体，但它仍遵从黑体辐射定律。随着温度的增加，钨丝的辐射能量迅速增大。

白炽灯灯丝的热辐射发光必须由外部供给它能量，以补充因灯丝辐射而减少的能量。电流通过灯丝，在灯丝上消耗一定的电能，电能转换成热，使灯丝发热到白炽状态而发光。

灯丝在将电能转变成可见光的同时，还要产生大量的红外辐射和少量的紫外辐射，这些辐射最终又都变为热的形式。由此可知，灯丝只是将一部分电能用于发射可见光，一般不到 10%，而很大部分的电能是变成热损失掉了，所以白炽灯的效率比较低。显然，要提高灯的发光效率就要尽可能减少灯的热损失。

> **知识链接：**发光效率——灯的可见光通量与所消耗的功率之比。光通量是指单位时间内光源所辐射的光总量。光通量的单位是流明。发光效率常简称为光效，单位是流明 / 瓦，即 lm/W。

二、白炽灯的构造

人们对白炽灯都很熟悉，可以说司空见惯，平时用它，只是拿起接到灯座上，接通开关，能亮就行，一般并不关注它的泡内结构。但是这里还是要谈谈白炽灯的构造，让大家知道"葫芦里装的什么药"。

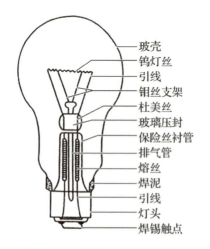

玻壳
钨灯丝
引线
钼丝支架
杜美丝
玻璃压封
保险丝衬管
排气管
熔丝
焊泥
引线
灯头
焊锡触点

图1-15　普通白炽灯的结构

图1-16　普通白炽灯的外形

图1-15画的是普通白炽灯的结构，主要由玻壳、灯丝、引线、芯柱、灯头等组成。

玻壳（又称泡壳）一般做成球形，制作材料是耐热玻璃。泡壳把灯丝封闭在真空或特殊气氛中，使灯丝与空气隔绝，以免在高温下灯丝因剧烈氧化而烧毁。玻壳既能透光，又能起保护作用。玻壳由于用途不同，有多种形状（图1-17）。或者把玻壳加工成艺术造型，用作装饰照明和艺术照明；或者采用带色彩的玻璃，使白炽灯呈现五颜六色，实现照明与艺术的融合；有的还把玻壳做成乳白色，以使灯光均匀柔和。

灯丝是钨丝，比头发丝还细，做成螺旋形。看起来灯丝很短，其实把这螺旋形的钨丝拉成一条直线，这条线竟有1米多长。

引线由内导线、杜美丝和外导线三部分组成。内导线用来导电和固定灯丝，用铜丝或镀镍铁丝制作；中间一段很短的红色金属丝叫杜美丝，它

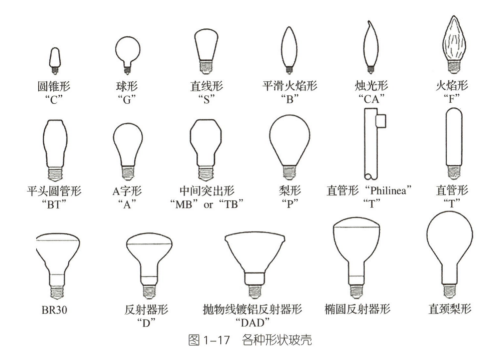

圆锥形 "C"	球形 "G"	直线形 "S"	平滑火焰形 "B"	烛光形 "CA"	火焰形 "F"
平头圆管形 "BT"	A字形 "A"	中间突出形 "MB" or "TB"	梨形 "P"	直管形 "Philinea" "T"	直管形 "T"
BR30	反射器形 "D"	抛物线镀铝反射器形 "DAD"	椭圆反射器形	直颈梨形

图1-17　各种形状玻壳

同玻璃密切结合而不漏气；外导线是铜丝，它连接灯头，用以引入电流。

芯柱是灯泡的中心支柱，它连着玻壳，起着固定金属部件的作用。其中的排气管用来把玻壳里的空气抽走，然后将下端烧焊密封，灯内成为真空。对于充气白炽灯，则由此充入惰性气体。金属灯头与玻壳用高温固化焊泥连接。

白炽灯的灯头形式很多，一般分为螺口灯头、插口灯头（1-18）、聚焦灯头和特种灯头。灯头材料现在用铝镁合金代替黄铜、铁等，具有不锈蚀的优点。

三、白炽灯的优缺点

古语云："金无足赤，人无完人。"事物总是一分为二的。白炽灯既有优点，

图1-18　螺口灯头与插口灯头

也有缺点。作为电光源家族里的一员老将，它已有一百多年的历史。在这悠久的历史进程中，许多人为了白炽灯的改进和提高付出了心血和汗水，使这位百岁老将仍然焕发青春，至今并未完全被淘汰，仍具有较大的竞争力。之所以如此，在于白炽灯有如下的优点：

（1）体积小，成本低，便于流水线生产。

（2）使用方便，可随开随关，除灯泡外无需其他附件。

（3）启动性能好：不需要启动时间，是白炽灯的最大优点之一，这对生活照明和应急照明是很重要的。

（4）显色性好：显色指数 Ra 可达 95 ～ 97，用白炽灯照明时颜色失真很小。

（5）色温很低：白炽灯偏红黄，色温为 2 700 ～ 2 900 K，在低照度照明时人感到舒适。

白炽灯的主要缺点是：

（1）发光效率低：白炽灯的发光效率只有 8 ～ 15 lm/W，比其他灯种低。在讲究节能的今天，这是白炽灯的致命缺点。

（2）寿命短：白炽灯的寿命只有 1 000 h，比荧光灯和 LED 灯寿命短。

（3）耗电多：在同样的照度情况下，白炽灯比荧光灯耗电多，电费高。

因此，白炽灯除了发挥其优点外，还应大力改进，并克服自身的缺点，使照明电光源第一代仍立于不败之地。白炽灯在提高发光效率方面还是有工作可做的，如在灯泡内充填气体，抑制钨的蒸发，等等。关于这方面的研发，且听下文分解。

四、白炽灯的改进

白炽灯从诞生之日起，几乎就处在不断的改进中，多少名人志士、能工巧匠为它倾注了心血和汗水，克服了前进路上重重困难，解决了寻光漫漫长路上的种种矛盾，使它历经上百年，性能不断提高，品种日益繁多，这位第一代电光源的老将，仍宝刀不老，屹立于群灯之林，因此目前它仍是应用最广的一种电光源。

各国科学家在致力改进白炽灯的研究时发现，白炽灯用久了，玻壳会变黑，再过一段时间，灯丝就会烧断。这是什么原因呢？原来是钨的蒸发缩短了灯泡的寿命。由于钨原子的运动，在常温下钨也是要蒸发的，而在高温时因原子运动加剧，蒸发就更为明显。

通过大量的实验研究发现，在灯泡中充入某种气体，可有效地抑制钨的蒸发。例如，在灯泡中充入氮气，可有效地抑制钨的蒸发，从而可以使钨丝的工作温度提高到 2 700 ～ 3 000 K。但由于所充气体的热传导和热对流，造成附加热损失，即所谓"气体损失"，灯的光效比同等温度的真空泡低。这样，充气产生的这两方面的效果是相互矛盾的。这时要看什么是矛盾的主要方面：如果钨丝的蒸发是主要的，热损失不是很多，那么通过充气抑制钨丝蒸发，可以提高发光效率，充气就是有利的；反过来，如果热损失是主要的，灯丝蒸发量不大，那么充气后发光效率提高不多，充气就没多大意义了。所以具体情况要具体分析。

知识链接：灯泡的寿命。白炽灯从开始通电到烧毁这段时间，即白炽灯的全寿命，简称寿命。还有另一种寿命，称为有效寿命，是指灯光通量在下降到初始值的 70% 时的累积时间。在普通白炽灯中，由于钨不断沉积在泡壳上，泡壳逐渐发黑，光通量逐渐减少，有效寿命比全寿命短。

关于给白炽灯充气，早在 19 世纪末到 20 世纪初，就有一些科学家进行过尝试。

1882 年，美国人斯克利布聂尔就曾设想：在真空白炽灯里充入少量的氯气，以防止玻壳发黑。

1913 年，美国的化学家朗缪尔发明螺旋钨丝，并在玻壳内充入氮气，以抑制钨丝的挥发。这是白炽灯的又一重要革新。直到目前，充气仍然是抑制钨丝蒸发的基本措施。

1932 年，日本的三浦顺一为使灯丝和气体的接触面尽量减小，将钨丝从单螺旋发展成双螺旋，发光效率有很大提高。

1935 年，法国的克洛德在灯泡内充入氪气、氙气，进一步提高了发光效率。

1949 年，德国的舒尔茨等人提出用卤素自行清洁白炽灯的想法。

1915 年，美国著名的化学家朗缪尔曾进行过灯内充卤素的试验。

对朗缪尔及其工作的介绍，且听下文分解。

第四节　卤钨白炽灯

一、卤钨白炽灯的机理

20 世纪中叶，第一代照明电光源家族里出现了一枝新秀——卤钨白炽灯。这种采用新原理的灯，青出于蓝而胜于蓝，具有许多比钨丝白炽灯强的优点，一露头角便光彩夺目。在介绍卤钨白炽灯之前，我们先讲两点基础知识：卤素和卤钨循环。

"卤"字代表元素周期表中的卤族元素，包括氟（F）、氯（Cl）、溴（Br）、碘（I）、砹（At）等，简称卤素。它们在一定的温度条件下，能够同钨化合，生成氟化钨、氯化钨、溴化钨、碘化钨等，统称卤化钨，而在更高的温度下，卤化钨又会顺利地分解成钨和卤素，恢复本来的面目。

卤钨循环：如果在灯泡中充入一定的卤素物质就会发现，在适当的温度条件下，从灯丝蒸发出来的钨在泡壳附近与灯内的卤素起化学反应形成挥发性的卤钨化合物，随着灯内气体的对流，当卤化钨扩散到较热的灯丝附近区域时，又分解成卤素原子和钨原子，释放出来的钨沉积在灯丝上，而卤素又继续扩散到温度较低的泡壳区域与钨再进行化合，这样就形成了不断循环的化学反应，即化合—分解—化合，周而复始，这种过程通常称为卤钨循环或钨的再生循环。

由此可见，卤素在充气白炽灯中，能把蒸发到泡壳上的钨原子又运回灯丝上来，可谓"神通广大"，就好像一位勤劳的"搬运工"不停地忙于搬运，正是由于卤素辛勤地工作，才延长了灯的寿命。

下面书归正传，我们谈谈卤钨白炽灯是怎样产生的。

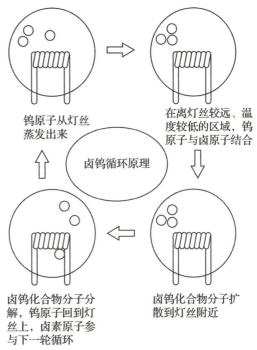

图1-19　卤钨循环原理示意图（取自《电光源》一书）

1959年人们发现了卤钨循环原理，并把它运用到白炽灯上，于是制造出新型的电光源——卤钨白炽灯。1959年，一位名叫弗里德里希的美国人成功探索出了白炽灯的改进方法，这个方法利用了卤族元素及其化合物在特定温度下再生循环的原理，提高了白炽灯的使用寿命和发光效率。然而，最早进行卤钨循环实验的是朗缪尔。

1909年的夏天，化学家朗缪尔来到美国通用电气公司的实验室，专门致力于延长白炽灯寿命的研究。他发现，在不完全真空的灯泡内，残余气体在长期加热后发生化学作用，使钨丝变脆，泡壳变黑，从而降低了钨丝灯的寿命。

公司里有人认为，延长白炽灯寿命的办法是再提高灯泡的真空度，的确，爱迪生以后的科学家在延长灯的寿命问题上，直觉的做法都是尽量提高灯泡的真空度。朗缪尔却反其道而行之，他采用与抽真空相反的办法——充气法。他尝试着把各种气体，诸如氢气、氮气、氧气、水蒸气、二氧化氮等分别充入灯泡，在不同的温度、压强条件下，反复进行试验。

经过 4 年的潜心研究，朗缪尔终于在 1913 年研制成充氮气的白炽灯泡，后来他又把灯丝绕成螺旋形，以减少热量损失，并且进一步改进充气方案，最终以氪气代替氮气，制成了小功率、寿命长的充氪气灯泡。因此，1928 年朗缪尔获得了美国化工学会颁发的珀金奖章。

请稍作停留，让我简单介绍一下化学家朗缪尔的生平。

欧文·朗缪尔（Irving Langmuir，1881—1957），美国化学家、物理学家、气象学家。他出生于美国纽约州布鲁克林，是家中的第三个孩子，自幼对自然科学有兴趣。朗缪尔的哥哥也是化学家，对他的科学兴趣有不少影响。

图 1-20　朗缪尔

1903 年，朗缪尔从美国哥伦比亚大学冶金工程专业毕业，后来去德国哥廷根在能斯特指导下从事物理化学的研究。1906 年获博士学位回国。1909—1950 年在纽约州通用电气公司的研究实验室工作，1932—1950 年任该室副主任。

朗缪尔推动了物理和化学领域的进步，发明了充气的白炽灯、氢焊接技术，而他也因为在表面化学上的工作被授予 1932 年诺贝尔化学奖。

朗缪尔多才多艺，在很多学术领域做出重大贡献，特别是高温低压化学反应、气体放电、等离子体和等离子体振荡、物质和蛋白质的原子分子结构、表面现象、渗透现象、航空学、大气现象、人工降雨的干冰布云法等。1918—1927 年，朗缪尔相继发明了原子氢焊接吹管、高真空管和高真空水银灯，对光源和无线电技术的发展也做出了贡献。1928 年他首次提出"等离子体"这个词，用来描述气体放电管里的物质。

朗缪尔在科学上的重大贡献，使他获得了很多荣誉：除了获 1932 年诺贝尔化学奖，还获得尼克尔勋章、休斯勋章、儒佛勋章、法拉第奖章等几十项荣誉。在美国通用电气实验室共获 632 项专利，很多实验室以他的名字命名，这是无上的光荣。

让我们继续谈论卤钨白炽灯。

在人们掌握卤钨循环原理后，就试图把它运用到充气白炽灯上，解决钨丝白炽灯的发光效率与钨蒸发的矛盾，许多人投入这项研究中。有意思的是，在应用卤钨循环原理方面首先取得突破性进展的，不是白炽灯，而是航天技术的红外辐射器。1954 年，美国通用电气公司为宇宙航行进行红外模拟试验，制成了一批管形石英红外线辐射器，它用钨丝作红外线发射源。由于辐射功率达到数万千瓦，开始试验时，因钨丝工作温度很高，所以钨蒸发很快，使石英管很快变黑。后来在辐射器里放进少量的纯碘，钨丝工作温度即便达到 2 700℃以上，石英管也不发黑。这一发现看似偶然，却直接推动了卤钨灯的研制工作，使电光源研发人员深受启发。正所谓"有意栽花花不发，无心插柳柳成荫"，经过多年的探索和实验，1959 年 4 月21 日，美国通用电气公司的弗里德里希（Elmer G.Fridrich）和威利（Emmett Wiley）研制出第一只卤钨循环白炽灯——碘钨灯，这种电灯在石英泡壳的钨丝灯中充入卤化物，从而使其发光效率提高了 1 倍。

二、卤钨循环剂

前面说过，卤钨白炽灯是基于卤钨循环原理，那么，参与卤钨循环的是什么灵丹妙药，或者说是什么物质呢？这些物质是卤素及其化合物，称作卤钨循环剂。乍看起来，天然存在的卤素氟、氯、溴、碘及其与钨的化合物均可作卤钨循环剂，其实不然，由于这些物质性能的不同，它们充当循环剂也有优劣之分。

理论和实践证明，早年应用卤钨循环原理比较成功的是碘钨灯和溴钨灯。最早问世的卤钨灯是用碘作循环剂的碘钨灯。这是因为在几种卤族元素里，碘的性质最不活泼，不像其他几种卤素那样有强烈的腐蚀作用。不过碘钨灯的泡壳温度应高于 250℃，否则会导致碘化钨沉积在泡壳上，破坏了碘钨再生循环。泡壳温度也不能太高，否则灯泡内化学反应要朝着分解方向进行，造成玻壳发黑。另外，一般碘钨灯中的碘充入量既不能太多也能太少；充入太多时，由于碘蒸气对蓝绿色光的吸收，碘钨灯的亮度和发光效率会受到一定的影响；充入量太少时，不足以维持碘钨循环，影响灯的寿命。在碘钨灯的制造过程中还必须防止混入杂质。

使用碘作为循环剂制成的碘钨灯光效低，寿命短，又有光吸收和易受杂质影响等缺点，此外，工艺制造中也存在一些难题，如碘的充入量和灯内含氧量的控制等都比较麻烦。材料选择和工艺把握不好，会使泡壳发黑和直接影响灯的寿命。

由于碘作循环剂存在着上述缺点，碘钨灯渐入淘汰之列。后来人们又采用了溴作循环剂。溴蒸气是透明的，对光不吸收，溴比碘活泼，溴钨循环比较强。在很宽的泡壳温度范围内（200～1 100 ℃），溴钨循环都能正常进行。但是溴会对灯丝的冷端和支架造成严重腐蚀。为了缓和溴对冷端的腐蚀，人们用溴化氢代替溴。不过，充溴化氢也有缺点，这是因为卤钨灯的泡壳多数是石英玻璃，由于石英玻璃在高温下能透过氢气，当充溴化氢的卤钨灯点燃后，氢气会从泡壳里跑掉，致使灯内溴显得过量，引起冷端腐蚀，减少了灯的寿命。为了克服充溴化氢的缺点，有人又使用了一溴甲烷（CH_3Br）作循环剂，由于一溴甲烷的氢溴比例加大，尽管在灯的寿命期内氢要损失一部分，但溴并不会过剩，因此灯可以有较长的寿命。

随着科技的进步，人们在研制卤钨灯的征途中，又尝试了多种适合作循环剂的卤素与氢的化合物，充入卤钨灯中，以改良其性能，延长灯的寿命。例如，溴化硼（BBr_3）、溴化磷腈（$PNBr_2$）等，不胜枚举。总之，卤钨灯的循环剂种类很多，各有特点和使用范围，需根据灯的具体要求和特点来选用。

三、卤钨灯的结构

1. 泡壳

由于卤钨灯的泡壳温度在 250℃以上，普通玻璃承受不住这样的高温，因此，卤钨灯的泡壳多数采用石英玻璃或高硅氧玻璃。但是石英玻璃价格太高，所以对于一些管壁温度较低的卤钨灯，有少部分使用价格便宜又耐高温的硬质玻璃作泡壳，例如硼硅玻璃。

2. 灯丝及泡壳形状

卤钨灯的灯丝通常做成线形、排丝形或点状、面状的。

泡壳相应地做成管状（图1-21）或圆柱状（图1-22）。对于细管状的卤钨灯，为防止灯丝在高温中下垂贴在泡壳上，常在灯内等距离地放上支架，托着灯丝，如图1-21所示。

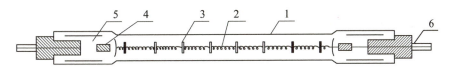

1—石英玻璃管　2—螺旋状钨丝　3—钨质支架　4—钼箔　5—导线　6—电极

图1-21　管形卤钨灯结构图

一般管状卤钨灯灯丝都制成单螺旋，而对一些特种点光源灯丝，一般均制成双螺旋甚至是三螺旋，这样可以大大缩小发光体的长度。

3. 体积

相对白炽灯，卤钨灯结构上的改变是体积的缩小。对相同功率的灯来说，卤钨灯比白炽灯体积缩小到了近十分之一。这是因为卤钨循环需要高的泡壳温度，为了保持高温，就必须缩小灯的体积。由于灯体的缩小，灯丝尺寸也相应地减小，主要手段是采用双螺旋或三螺旋灯丝。这样做有不少好处，诸如使光学设计简单，光的利用率高，整个照明装置体积减小，重量减轻，造价降低，等等。

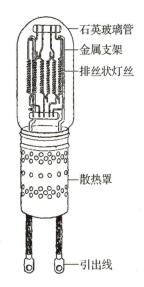

石英玻璃管
金属支架
排丝状灯丝

散热罩

引出线

图1-22　圆柱形立式卤钨灯结构图

四、卤钨灯的优缺点及应用

卤钨灯大致有以下的优点：

（1）卤钨灯发光效率比白炽灯高，约 21 lm/W；

（2）与白炽灯相比，卤钨灯的灯丝寿命长，一般可达 2 000 ～ 3 000 小时，是白炽灯的 2 ～ 3 倍；

（3）卤钨灯的色温比较高，发出的光谱分布为均匀的白光，而且红外线较少；

（4）卤钨灯的尺寸小（只有相同功率白炽灯泡体积的 1/10），方便安装。

由于这些优点，卤钨灯在室内照明、舞台照明、摄影、汽车、医疗、军工及仪器仪表等领域具有广泛应用。

卤钨灯的缺点主要有：

（1）卤钨灯比白炽灯的价格更高；

（2）卤钨灯需要预热才能正常发光，时间比较长；

（3）卤钨灯需要较高的电压来启动；

（4）卤钨灯对电压波动比较敏感，耐震性能差。

由于卤钨灯点燃时温度高，故不适于易爆炸、易燃、多尘、易腐蚀的环境场所。

总之，卤钨灯是在白炽灯的基础上研制的，正所谓"青出于蓝而胜于蓝"，是较为常见的光源。它仍属于热辐射光源，和白炽灯是一类，所以又称卤钨白炽灯。尽管它的历史不长，但发展很快，性能优异，应用范围甚广。在 20 世纪下半叶，LED 灯等新型照明电光源出现之前，光彩夺目的卤钨灯曾风行一时，不愧为白炽灯家族的一支劲旅。

第五节 中国灯泡之父——胡西园

19世纪末至20世纪初，称为世纪之交，在那个激动人心的年代，由于物理学上三大发现，促使科技快速进步。人类社会进入电气照明时代，发达国家竞相研制、生产各类电灯，不断更新迭代。那么，我国那时的照明电光源事业怎么样呢？

1879年5月28日，上海公共租界工部局电气工程师毕晓浦，在虹口乍浦路一座仓库里试验成功碳极弧光灯。中国第一次点亮了电灯。

1882年7月26日，上海电气公司第一台12千瓦机组发电，正式投入商业运营，在上海外滩安装15盏电弧灯（图1-23），耀眼的电弧光照亮了长长的外滩大道。同日入夜，由上海电气公司供电的南京路和百老汇路（现大名路）主干道上，也点起弧光灯，沿途灯火辉煌，照亮了夜上海，民众纷纷往前观看，呼喊："电灯！电灯！"

图1-23 十九世纪八十年代，矗立在上海外滩白渡桥旁的一盏电弧灯
（中国能源报）

1890年起，在上海的街道及住所开始使用白炽灯，不过这些电灯都是舶来品（洋货）。流光溢彩的电灯，没有一盏是中国造的。国内有志之士纷纷提倡生产国货，发誓："一定要让中国人能够用上中国人自己制造的

电灯泡。"其中有一位就是旅居上海的宁波人胡西园。

　　1919年胡西园即将从浙江高等工业学校毕业,入夜,他常常伫立于大商店橱窗前,久久不愿离去,对这种新从外国传来的闪闪发亮的碳丝电灯泡倍感新奇。由此,他对电灯泡产生了极大的兴趣,决定将制造电灯泡作为自己的事业。

图1-24　胡西园

图1-25　在实验室工作的胡西园

　　胡西园何方人士?让我们简要介绍胡西园先生生平。

　　胡西园(1897—1981),字修籍,著名实业家、发明家,浙江镇海县(现为宁波市镇海镇)人。胡西园童年时对电灯泡产生了极大的兴趣,以后他常常想着如何制造电灯泡。胡西园15岁在镇海读中学时,就用不同电压的电灯泡做电阻实验,大学考入浙江高等工业学校攻读电机专业。他聪明善研,立志实业救国。胡西园从工业学校毕业后,放弃其他谋生的机会,在市场上搜购旧材料、旧设备,腾出家里的一间房子做实验室,立志要制造出中国人自己的电灯泡。

　　1921年胡西园先生历尽艰难困苦,在上海试制成功第一个国产白炽灯,商标为亚浦耳(图1-26),1923年创办了我国第一个灯泡厂——亚浦耳灯泡厂(亚明灯泡厂前身),图1-27中为杨浦区辽阳路66号建筑,系制造中国第一只国产灯泡的亚浦耳灯泡厂所在地。在与国外企业的竞争

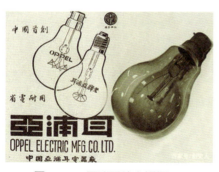
图 1-26　亚浦耳牌白炽灯

图 1-27　亚浦耳灯泡厂

中，该企业为民族照明事业取得了不朽的成就。电灯泡的试制过程，充满了无数的失败和挫折，灯泡走气、漏电、断丝、断芯，或者是裂壳、烧毁，有时还会发生爆炸。在坚持不懈的努力下，胡西园和南洋公学的周志廉、南洋路矿学校的钟训贤等人，攻克一个个技术难关，终于研制出中国人自己的电灯。正所谓"成功是努力的结晶。"又如萧伯纳所说："所谓天才人物，指的就是具有毅力的人、勤奋的人、入迷的人和忘我的人。"

抗日战争时期，为避战火，胡西园的工厂迁往大后方重庆。1945 年抗战胜利后，工厂迁回上海，胡西园主持制造出价廉长丝灯泡、耐用灯泡，并积极研制新光源。1950 年，胡西园主持生产出新中国第一批日光灯。胡西园一生竭尽全力为中华民族的电光源事业做出巨大贡献，被誉为"中国灯泡之父""中国电光源之父"和"中国照明电器工业的开拓者"。

1921 年胡西园试制成功第一只国产白炽灯后，随着白炽灯生产的发展，其他光源产品也相继问世。1927 年，许石烱试制小电珠成功，并在上海闸北东洋花园开设公明电珠厂，生产日月牌、光荣牌 2.5 伏、3.8 伏小电珠（微型白炽灯泡），圣诞泡。产品畅销长江流域及华北一带，我们小时候，都用过装有小电珠的手电筒。

1927 年下半年，胡西园主持的亚浦耳灯泡厂终于试制成功国产充气泡，为国产照明电光源填补了一项空白。

第二章

第二代照明电光源——荧光灯

电光源家族的代言人——白首翁又讲话了：今天要讲的是照明电光源家族第二代——荧光灯。

荧光灯是一种气体放电灯，它实质上是只放电管，基于气体放电原理。那么什么是气体放电呢？时间久远，说来话长，听我细细道来。

第一节　从气体放电谈起

提起"气体放电"这个词，也许有人感到有些陌生，实际上气体放电现象却早已为我们所熟悉。雷雨时的电闪雷鸣是我们大家所熟知的，它就是自然界中的气体放电现象。气体被电击穿时所发出的巨响就是雷鸣，放电所发出的光就是闪电。

在实验室里，电流流过金属导体的导电现象已为大家所熟知。在一定条件下，各种气体也能够导电。在这种气体导电过程中，往往伴随着发出各种颜色的光。这种现象称为气体放电。

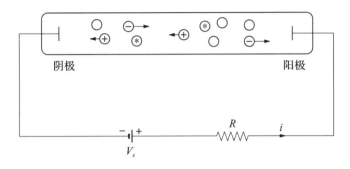

图 2-1　气体放电的示意图

图 2-1 为气体放电的示意图。图中空心圆表示可被电离气体原子，有 * 符号的圆表示被高能电子激发的原子，它们会发生辐射。当带有正电荷或负电荷的粒子在电场作用下定向移动时，就形成了放电电流。阴极必须能发射出足够多的电子，以维持电流的持续，而阳极则接收电流。

气体放电产生光辉，引起物理学家的兴趣。19 世纪初到 20 世纪初，人们对气体放电进行了大量的实验研究。鼎鼎大名的英国科学家法拉第，就曾对气体放电进行过研究。其后的 W. 克鲁克斯、J.J. 汤姆孙、J.S.E. 汤森德等人相继研究气体放电现象。1879 年英国的 W. 克鲁克斯采用"物质第四态"这个名词来描述气体放电管中的电离气体。第一章中提到的朗缪尔在 1928 年首先引入等离子体这个名词，描述辉光主体的亮区。

W. 克鲁克斯（William Crookes， 1832—1919）是英国卓有成就的化学家和物理学家（图 2-2），他曾被气体放电无穷的奥妙所吸引，放弃经商从事科学研究。他设计了一种称为"电蛋"（the electric egg）的仪器，如图 2-3 所示。这种仪器是由两个共轴的椭球组成的，两个椭球之间抽成真空，加上电压后可以观察放电的形状和

图 2-2　W. 克鲁克斯

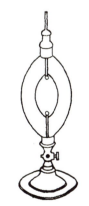

图 2-3　电蛋简图

颜色。他发现随着气压的降低，气体发出不同颜色的光，着火电压也下降（气体被击穿，放电开始时的电压值称为气体的着火电压）。

1879 年，W. 克鲁克斯研制成一种高真空放电管（后来人们称之为克鲁克斯管，如图 2-4 所示），其真空度达到百万分之一个大气压，W. 克鲁克斯用这种高真空度的玻璃管，进行气体放电现象的实验，取得了不寻常的效果。实验发现气体放电可分为弧光及辉光两大类。一般说来弧光放电的电流大，电压降较低；辉光放电的电流小，电压降较高。

图 2-4　克鲁克斯管

荧光灯发明之前，很多人为研发它做出了努力。水银灯和霓虹灯的发明即两例。这好比荧光灯是一首交响乐，水银灯似它的序曲。所以说，论资格，气体放电灯里的"老大"还不是荧光灯，而是色彩缤纷的霓虹灯。

1901 年 11 月，美国工程师彼得·库珀·休伊特（Peter Cooper Hewitt，1861—1921）发明水银灯（图 2-5），这种灯是荧光灯前身，也

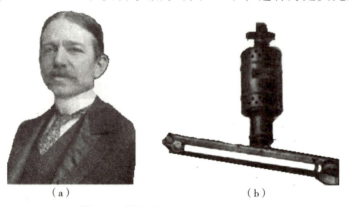

（a）　　　　　　　　　　　　（b）

图 2-5　休伊特（a）和水银灯（b）

是首只使用汞蒸气的弧光灯，故又称"汞灯"。水银灯使用真空的灯管，在其中充入水银和少量氩气，通电后，水银会蒸发，受电子撞击而发光。水银灯比白炽灯亮，但水银灯发出的光含有大量紫外线，而紫外线对人的皮肤有伤害，而且这种灯光太刺眼，呈蓝绿色光，其显色指数不高，仅用于道路照明和黑白影室摄影，所以一直得不到广泛应用。

氖灯是英国化学家拉姆赛在一次实验中偶然发现的。1898年6月的一个夜晚，拉姆赛和他的助手正在实验室里做实验，目的是检查一种稀有气体是否导电。拉姆赛把一种稀有气体注入真空玻璃管里，然后把封闭在玻璃管中的两个金属电极连接在高压电源上，聚精会神地观察这种气体能否导电。突然，他们意外地发现：注入真空管的稀有气体不但开始导电，而且还发出了极其美丽的红光。这使他们非常惊喜。拉姆赛把这种能够导电并且发出红色光的稀有气体命名为氖（neon）。后来把这类气体通电发光的灯称为氖灯（neon light）。这恰似"无心插柳柳成荫"。

拉姆赛是何方人士？让我们看看他的简历。

威廉·拉姆赛（William Ramsay，1852—1916），英国化学家。1852年出生于英国格拉斯哥市。拉姆赛从小喜欢大自然，爱读书，上学时成绩优异，被人们称为"神童"。1866年破格入格拉斯哥大学学习。1870年在德国海德堡大学学习化学。他20岁获得博士学位。获得博士学位后，先后在格拉斯哥大学、伦敦大学任化学教授。

他与物理学家洛德·瑞利（Lord Rayleigh，1842—1919）等人合作，先后发现了六种惰性气体：氦、氖、氩、氪、氙、氡，而这些气体日后也被应用于霓虹灯的制作。当时拉姆赛只是以科学的角度研究这些气体，并没有任何商业目的。由于他发现了这些气态惰性元素，并确定了它们在元素周期表中的位置，他荣获了1904年的诺贝尔化学奖。

图2-6　威廉·拉姆赛在化学实验室做实验

在 1898 年，美国发明家摩尔（Daniel McFarlan Moore，1869—1936）用直径约 2 英寸的充气玻璃管做成"摩尔"灯，摩尔灯可说是霓虹灯及日光灯的始祖。摩尔在抽掉空气的玻璃灯管中，充入少量的二氧化碳，然后加以高压，使它放电，结果灯管发出白光；另用一支抽真空的玻璃管充入氮气，结果发粉红色光。到 19 世纪末，在欧洲一些城市就流行起"摩尔"霓虹灯。在维多利亚女王 60 寿辰的庆典上，曾采用霓虹灯管作为节日气氛的装饰照明使用。

20 世纪初，法国工程师、物理学家乔治·克洛德根据摩尔的实验，利用气体放电原理，对密封的氖气管进行放电实验，在经过不断的试制后，于 1910 年研制出氖放电灯——霓虹灯，其发光效率为 15 lm/W。1910 年 12 月 3 日，在巴黎汽车展览会上，克洛德首次展出他的研发成果。

乔治·克洛德（Georges Claude，1870—1960）是涉足多学科的发明家。1870 年 9 月 24 日生于巴黎，1889 年毕业于巴黎高等工业物理化学学院，后成立克洛德照明公司，是氖气霓虹灯的首创者，荧光灯主要发明者之一，1933 年他曾试制出加涂荧光粉层、内充水银的荧光灯。

图 2-7　乔治·克洛德　　　　图 2-8　霓虹灯广告出现在巴黎街头

克洛德还制作了一幅宣传广告，用霓虹灯做成红色的花、绿色的叶、黄色的字，于 1912 年挂在法国巴黎热闹的街头（巴黎蒙马特大街），在夜晚显得格外醒目。

同年 12 月，他将其制造的第一只商业性霓虹灯安装在巴黎的皇宫大厦，做装饰照明，引起很大轰动，遗憾的是这只灯只能发出红光。此后克洛德更加积极从事扩大霓虹灯适用性和应用性的研究，但是，由于第一次世界大战的爆发，克洛德的研究工作受挫，直到 1915 年克洛德才正式获得霓虹灯的发明专利授权。后来他致力于拓宽霓虹灯的商业用途，用霓虹灯做成商业广告，并受到社会的欢迎，20 世纪 20 年代在世界各国得到迅速发展。入夜，霓虹灯点亮，各种美丽的文字及图案千姿百态，闪烁跳动的光辉流光溢彩，把城市夜空装点得色彩斑斓、绚丽夺目，成为名副其实的"不夜城"。

图 2-9 为 Osglim 公司在 1935 年生产的 5 W 蜂巢霓虹灯，灯中字符为 N。

霓虹灯是一种低气压冷阴极辉光放电灯，由玻璃管制成，并按照设计要求弯成各种文字和图案，然后在玻璃管两端配制电极，在抽掉空气的玻璃灯管中，分别充入氖、

图 2-9　字符为 N 的 5W 霓虹灯
（取自江源《电光源发展史》）

氩、氦等惰性气体：充入氖气，灯管会发出红橙色的光；充入氖和氩的混合气，发蓝色光；充入氖和水银的混合气，发绿色光；充入氦气，发金黄色光。如果在管内壁涂不同荧光物质，灯光的色彩将更丰富。五彩缤纷的霓虹灯很多人在城市的商业街都看到过。每当夜晚，在一些街道上，人们会看到湛蓝的夜空中出现了人间彩虹。它是比天上彩虹更漂亮的各种彩图，神奇的色彩吸引着行人止步仰望，这种彩图是用各种形状的霓虹灯拼起来的。它的神奇变幻、图案交替闪现，都是由电子开关自动控制的。

霓虹灯除了做空中广告以外，也用来做宣传标语、影剧场门面灯，还可用在商店里、橱窗里作为商品介绍或美化用的广告灯。小型氖灯常用作指示灯，以前有种验电笔，里面装的就是小型氖灯，通过氖气辉光放电指

示有无电压。

霓虹灯名称考证，据复旦大学电光源研究所陈大华述[1]：该名称是从"neon lamp"翻译过来的，这里的"neon"一词指的是稀有气体元素氖。在早期制作的霓虹灯内充入的稀有气体是氖（neon），因此 neon lamp 按意译可译为氖气灯，按音译可译为霓虹灯。而音译过来的霓虹（neon）一词，正是汉语彩虹的意思，恰好霓虹灯充入稀有气体（如氦、氖、氩、氪、氙）以后所发出的绚丽光色，正如天上彩虹般艳丽，这是一种有趣的巧合。因此霓虹灯的叫法就在我国沿用下来。

1926 年上海南京东路伊文思图书馆柜窗上出现我国第一个霓虹灯广告。1927 年我国第一只霓虹灯由上海远东化学制造厂制成，并安装在上海中央大旅社。

图 2-10　福州中州岛的霓虹灯夜景

1　陈大华等编著，《霓虹灯制造技术与应用》，中国轻工业出版社，1997 年版，第 3 页。

第二节 横空出世荧光灯

一、荧光灯的历史起源

美国通用电气公司的研究人员伊曼（George E.Inman）从霓虹灯的亮光中得到启发，预感到成功的希望。他与塞耶（Richard N.Thayer）加快了研制的步伐（图2-11），终于在1936年，突破了启动装置的设计与制作大关，研制成功荧光灯，为照明电光源家族增添了一支生力军，荧光灯的制成更使放电光源的发展得到了一次飞跃。这只荧光灯是一根玻璃管，灯管的直径为38 mm，长度为1.2 m，管内充进一定量的水银，管的内壁有荧光粉，在灯管的两端各有一个灯丝作电极。1939年，在纽约和洛杉矶世博会上，展示了世界上第一盏实用的荧光灯。第二次世界大战后荧光灯进入了千家万户。

像许多科技发明或发现一样，在荧光灯发明的历史上，也曾有过优先权之争。有一个小故事：1934年美国通用电气公司的伊曼组织团队试制荧光灯，终于在1936年研制成实用的荧光灯，并去申请专利。不料围绕荧光灯发明，与德国的三位工程师革末（E.Germer）、梅伊亚（F.Meyer）和斯伯纳（H.Spanner）发生了优先权之争。因为这三人早在1926年申请的"金属蒸气灯"德国专利中已经提到荧光照明，三人也于1927年向美国专利局递交了专利申请。通用电气当然不希望梅伊亚三人的专利在美申请获批，为了避免专利纠纷并且不误商机，1939年通用电气公司花费18万美元买下梅伊亚三人的专利，发明人不变，而将发明权归属为通用电气。同年，

图2-11 伊曼（左）和塞耶研制荧光灯

此专利获批准（美国专利号 2，182，732），1941 年，伊曼的荧光灯专利也获批准（美国专利号 2，259，040），这些专利稳定了通用电气在荧光灯市场中的垄断地位。

荧光灯横空出世，它的全名是"预热式低压汞荧光灯"，从这个名称隐约地可以看出它的构造和原理。预热式表示灯工作时阴极要首先通电预热；低压汞（水银）是指灯内充有少量的汞，灯工作时是利用低气压汞蒸气放电；荧光是指灯的主要发光物质是能发出可见光的荧光粉。下面将对其结构和发光原理做详细介绍。

荧光灯由于其发光效率高、寿命长、光色柔和、辐射热少等一系列的优点，成为电光源中的佼佼者、一种理想的照明光源，深受人们欢迎。它被广泛地应用在工厂、商店、机关、学校、家庭、展览厅、地铁等场所中，改变了白炽灯长期一统天下的局面。由于我国照明用荧光灯的光谱成分与日光相似，因此人们也叫它"日光灯"。实际上荧光灯不仅可以做成日光色，而且还可以做成彩色。

图 2-12　美国通用电气公司生产的 Mazda 荧光灯

二、荧光灯的结构

荧光灯是一种气体放电光源，有许多独特的性能，与大家所熟悉的简单的白炽灯不同，下面简单介绍荧光灯的发光原理、结构以及用途等知识。

直管荧光灯实际上就是一根放电管，它的构造如图 2-13 所示，主要部件有玻璃管、荧光粉涂层、电极、水银和填充气体、灯头等。

荧光灯的电极通常由钨丝绕成双螺旋或三螺旋制成，在钨丝上涂以电子发射材料。荧光灯电极产生热电子发射，用以维持放电。管内封有水银（汞）和惰性气体（通常是氩气），水银是荧光灯中的主要放电气体，而氩气在灯启动和保护电极方面有重要作用。放电管的内壁涂有荧光粉，荧

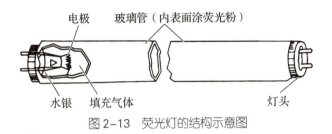

图2-13　荧光灯的结构示意图

光粉是灯的主要发光物质。

三、荧光灯的发光原理

荧光灯包括直管荧光灯、紧凑型荧光灯（节能灯）与无极荧光灯。前两者原理基本相同，主要区别是紧凑型荧光灯将灯管变细并弯成各种形状。无极荧光灯与前两者的区别是没有电极，直接靠电场形成灯管内的等离子体发光。下面仅谈直管型荧光灯的发光原理。

荧光灯的发光原理简单说来是：灯通电后，水银蒸气放电，同时产生紫外线，紫外线激发管内壁的荧光物质而发出可见光（图2-14）。

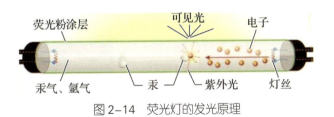

图2-14　荧光灯的发光原理

在进一步解释荧光灯发光原理之前，我们先明确气体电子学中的几个基本概念。

1. 激发和能级跃迁

物质的原子或分子中的电子处于不同的能级上。当物质吸收外界能量时，电子会从低能级跃迁到高能级，这个过程被称为激发。当电子从高能级跃迁回低能级时，会释放出能量，这个过程被称为辐射。在荧光灯中，电子从高能级跃迁回低能级时，会释放出光子。这些光子就是荧光灯发的光。

2. 激发方式

荧光的激发方式有多种，包括电子束激发、紫外线激发、X 射线激发等。其中，紫外线激发是最常见的一种方式。当物质受到激发时，电子会从低能级跃迁到高能级，这个过程被称为吸收。当电子从高能级跃迁回紫外线低能级时，会释放出光子，称为发射。其实紫外线激发就是光致发光的一种。光致发光是指物体依赖外界光源进行照射，从而获得能量，产生激发导致发光的现象。也就是物质吸收光子（或电磁波）后重新辐射出光子（或电磁波）的过程。光致发光又称斯托克斯发光。

早在 1852 年，英国物理学家斯托克斯（George Gabriel Stokes，1919—1903）发现了一种碰到光就能产生另一种光的荧光物质，并且经这种荧光物质转换后的光的波长远比外来光的波长要长。

图 2-15　斯托克斯

让我们回到荧光灯的发光原理话题上来。荧光灯的发光是两步完成的：

第一步是低压汞蒸气放电产生紫外线。

荧光灯点灯（启动）时，电流通过灯头流入灯丝，灯丝直接朝向管内发射热电子。来自电极的电压使电子从管的一端迁移到另一端。由此产生的能量将一些液态汞转变为气体。高速运动的电子会与汞气体原子发生碰撞。碰撞激发原子，灯管电流的产生依赖于电子碰撞引起的原子的电离，因此使电子跃迁到更高的能级。当电子自动回到较低的能级时，会释放光子。这些光子是紫外线，低压汞蒸气主要辐射波长为 254 nm 和 185 nm 的紫外光，也称共振辐射线。

第二步是荧光粉吸收紫外线后，发出可见光。

荧光粉吸收了紫外线的能量后，就被激发，跃迁时发出可见光来。如此便把波长较短的紫外线转换成波长较长的可见光，这就是紫外线的光致发光（斯托克斯发光），所发的光基本上是连续光谱，因而荧光灯发的光比汞灯的光色好。

四、荧光灯的电路及附件

直管荧光灯的电路示意图如图 2-16 所示。

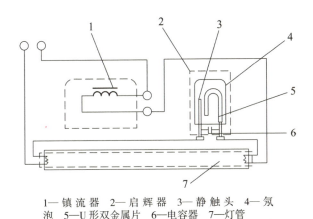

1—镇流器　2—启辉器　3—静触头　4—氖泡　5—U形双金属片　6—电容器　7—灯管

图 2-16　直管荧光灯电路示意图

荧光灯的点燃不像白炽灯那样简单，它必须在一些点灯附件的帮助下才能点燃工作，单单一支灯管是无法点燃的。这有两个原因，一是管内气体放电需很高电压；二是荧光灯有负电阻特性。也就是说，灯未点燃时阻抗很高，灯点燃后阻抗变低。所以荧光灯工作时，要有限流装置和启动装置。荧光灯的限流装置一般是镇流器（当然也有用电容器和电阻器的），启动装置是启辉器。

镇流器的作用是限制灯电流无限增加。否则，电流无限制地增加，最后烧断灯丝，使灯毁坏，因此必须对灯放电电流加以限制。镇流器在电路中另一作用是产生瞬时高电压。气体放电灯的镇流器主要分两大类：电子镇流器（图 2-17）和电感镇流器（图 2-18）。电感式镇流器包括普通型和节能型。荧光灯用交流电子镇流器包括可控式电子镇流器和应急照明用交流/直流电子镇流器。在 GB 50034—2004《建筑照明设计标准》中明确规定："直管荧光灯应配用电子镇流器或节能型电感镇流器。"

荧光灯节能型电感镇流器和电子镇流器各有优缺点。

节能型电感镇流器的优点是节能：通过优化铁芯材料和改进工艺措施，其自身功耗一般可降低 20% ~ 50%；另外就是工作可靠。缺点是使用工频点灯，存在频闪效应；其次是自然功率因数低；再就是消耗金属材料多，质量大。

电子镇流器的优点：一是节能。因为电子镇流器多使用 20 ~ 60 kHz 频率供给灯管，使灯管光效比工频提高 10%，且自身功耗低，使灯的总输入功率下降约 20%；二是无频闪，发光稳定；三是功率因数高，能达到 0.95 及以上；四是噪声低；五是可调光。缺点是谐波含量高，特别是功率不大于 25 W 的产品；其次，某些产品质量还不稳定，使用寿命短。

图 2-17　电子镇流器　　　　　　图 2-18　电感镇流器

启辉器是用于启动和稳定日光灯（荧光灯）的自动开关。它的主要作用是提供起始电压和电流，使日光灯能够正常工作，又叫辉光启动器、跳泡、氖泡等。启辉器的基本组成是：充有氖气的玻璃泡、静触片、动触片（动触片为双金属片），以及小电容器，外形和内部结构如图 2-19 所示。电容器与氖泡并联，作用是吸收辉光放电产生的谐波，减少电磁干扰。

（a）外形 （b）内部结构

图 2-19 启辉器外形和内部结构

五、荧光灯电路的工作原理

当荧光灯接通电源时，启辉器两极间受电源电压的作用开始辉光放电，放电时产生的热量使 U 形双金属片受热膨胀，并向外伸展，与静触片接触，使镇流器、灯管灯丝和启辉器组成一个闭合回路，灯管内的两组灯丝通过电流，使灯丝得到预热并发射电子，同时启辉器内接触片因接触，两触片间的电压消失，启辉器辉光放电停止，双金属片冷却收缩，而与静接触片分开。由于两个接触片的突然断开，导致回路中电流突然中断，在镇流器两端因电磁感应产生瞬间脉冲高电压，该电压与电源电压一起加在被预热的两灯丝之间，灯管内的惰性气体被电离，引起惰性气体放电，继而过渡到汞蒸气放电，汞气体放电的同时，辐射出紫外线，紫外线激发灯管内壁的荧光粉后发出近似日光的可见光。荧光灯的发光颜色与荧光粉成分有关，常用的荧光粉有卤磷酸钙荧光粉和三基色荧光粉，按所涂荧光粉的不同荧光灯又有日光色、冷色和暖色之分。

六、荧光灯的优缺点

优点：荧光灯主要用于室内照明，与白炽灯相比，其最突出的优点是发光效率高（约为白炽灯的 4 ~ 6 倍）和使用寿命长，国产荧光灯的额定寿命为 5 000 小时，为白炽灯寿命的 5 倍；还有耐震性能较好，电压波动对光通量的影响相对较小；色温范围较宽，有日光色（色温 6 500 K）、冷色（色温 4 500 K）和暖色（色温 2 900 K），甚至还有彩色荧光灯，光线柔和，辐射热少。由此看出照明电光源家族，一代更比一代强。因此它的品种愈来愈多，产量愈来愈大，被广泛地应用在工厂、商店、机关、学校、家庭、展览厅、地铁等场所中，深受人们欢迎，改变了白炽灯长期一统天下的局面。

缺点：荧光灯也有缺点和不足之处。如结构不紧凑，外形尺寸大，附件多。启动较慢，特别当气温在 18℃ ~ 25℃ 的范围以外时，都会使启动困难和光效下降。荧光灯的光输出对周围环境温度也比较敏感，当环境温度为 0℃ 时，发光效率大约下降 50%，当环境温度低于 –20℃ 时几乎无法工作，因此它不适宜在室外应用。荧光灯不可弥补的缺点是灯管中的汞对地球环境会造成污染，对人体造成伤害，而且废弃荧光灯中的汞很难处理，这在提倡环保的今天是个严重的问题，有可能被禁止生产。多少年来，为克服荧光灯的缺点，世界各国都做了大量研究工作，从而改变了这种照明光源的面貌。

荧光灯在目前已经相当普及了。每到夜晚，灯火辉煌，大家皆得一片光明，其中有相当大部分是荧光灯发出的美丽的温馨的光。荧光灯不愧为照明电光源里一支劲旅。然而荧光灯需要继续改革，电光源工作者也的确想出了一些改进荧光灯的办法，研发出一些改良产品，例如 1973 年，稀土元素三基色荧光灯问世，其显色指数 Ra 值为 84，比普通荧光灯光效高 1 ~ 2 倍。20 世纪 70 年代随着电子技术的快速发展，荧光灯用高频电子镇流器也研制成功。今后科学家仍会让荧光灯发扬优点，克服缺点，更加先进，使荧光灯在照明领域里发挥更大的作用。

第三节　异型荧光灯

荧光灯自问世以来，经过不断改进和提高，已经成为最重要的室内照明光源。荧光灯不仅能发出各种颜色的光，而且品种繁多，造型各异，使第二代照明电光源更加美观和丰富多彩。除直管形普通荧光灯外，又生产出各种异型荧光灯，主要有环形、U形、单端引出形等，异型荧光灯具有很多优点，如外形尺寸小，造型美观，可与白炽灯互换等。下面介绍几种异型荧光灯。

一、环形荧光灯

环形荧光灯是把直管形弯成圆形，如图 2-20 所示。不但压缩了外形尺寸，而且光的分布更均匀了。为了美观，在环形荧光灯的外面还可加个圆罩。环形荧光灯不但适用于吊挂应用，而且还可安装在台灯上使用。

图 2-20　环形荧光灯

二、U 形荧光灯

把直管形荧光灯弯成 U 字形，就成了 U 形荧光灯，这样不但灯的尺寸缩小了，而且灯的光照射集中，使单位面积的照度提高了近一倍。另外，为了使灯美观，把 U 字形荧光灯封入一个球形外玻璃壳内，它的镇流器和启辉器也都封入内，使之变成一个整体。

三、单端引出紧凑型荧光灯

1976 年，通用电气公司的爱德华·哈默（Edward E. Hammer）想出了如何将荧光灯管螺旋化，创造出了第一个紧凑型荧光灯（CFL）。

紧凑型荧光灯是将直管形灯管弯制成某种形状，例如，U 形、球形、螺旋形，只用一个灯头，再将电极从单端引出，所以称为单端引出紧凑型荧光灯。有的把电子镇流器等附件一并装入灯内，一体式荧光灯的尺寸与白炽灯相近，灯座接口也和白炽灯相同，所以可以直接替换白炽灯，使用十分方便，紧凑型荧光灯结构与外形如图 2-21 所示。一体式荧光灯在我国被称作节能灯或紧凑型荧光灯，已经采用的外形有：双 U 形（SL 形灯）、2D 形、H 形、Π 形等，如图 2-22 所示。

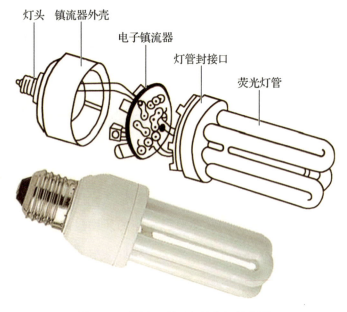

图 2-21　紧凑型荧光灯结构与外形图

图 2-22　紧凑型荧光灯

自 20 世纪 80 年代以来，紧凑型荧光灯实现了系列化、电子化、一体化和大功率化。紧凑型荧光灯已成为室内照明中取代白炽灯的最有节能价值的气体放电电光源。

第四节　无极荧光灯

电极是灯的心脏部件，它决定了灯的启动电压、灯的寿命和灯的稳定工作状态等，因此荧光灯电极肩负着重要的使命。普通荧光灯就是因为电极灯丝烧断而寿终，提高荧光灯的使用寿命，一直是研究改进荧光灯的主要目标之一。可以说，延长荧光灯寿命取得成效的历史，就是荧光灯发展进步的历史。有的人为延长灯的寿命发明了无极荧光灯，简称无极灯。

无极灯的研制源远流长，无极荧光灯的发展可以追溯到 19 世纪，德国物理学家、化学家希托夫（Johann Wilhelm Hittorf，1824—1914）和汤姆孙（J.J.Thomoson，1856—1940）分别在 1884 年和 1891 年开始探讨射频感应放电的基本原理。1891 年，

图 2-23　特斯拉在实验室

物理学家尼古拉·特斯拉（Nikola Tesla，1856—1943）在纽约的哥伦比亚大学展示了第一个由射频场激发的无极放电，他采用的是低频的容性放电，仅能在很短的间隙内产生微弱的放电，但走出了无极放电的重要一步。

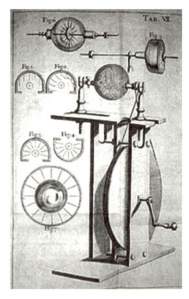

图 2-24　特斯拉的无极放电实验

　　1970 年，通用电气的安德逊（J. M. Anderson）申请了无极灯的专利，如图 2-25 所示，专利号为 USP3，521，120。到了 20 世纪 70 年代，1976 年，荷兰飞利浦（Philips）公司的詹·哈塞克（Jan Hasker）申请了无极灯专利，专利号为 USP4，101，185。

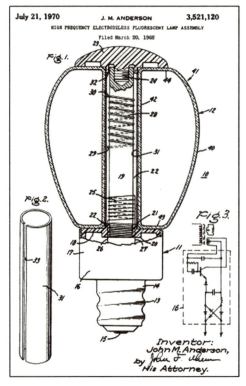

图 2-25　安德逊申请的无极灯的专利

此后，飞利浦公司于 1990 年推出了 QL 感应照明系统，即 QL 无极灯（图 2-26），工作频率为 2.65 MHz。QL 无极灯可直接用市电电压，发光效率为 70 lm/W 左右，显色指数 Ra > 80。

1992 年日本松下电子公司推出 Everlight 无极放电灯，这种灯的功率为 27W，可直接与市电电源连接使用，工作频率为 13.56 MHz，光通量为 1 000 lm。

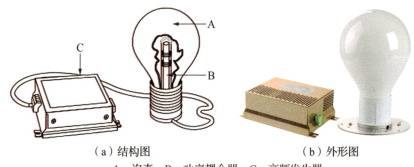

（a）结构图　　　　　　　　　　（b）外形图

A—泡壳，B—功率耦合器，C—高频发生器

图 2-26　飞利浦 QL 无极灯

20 世纪后期，德国欧司朗公司的无极灯 Endura 则采用矩形（图 2-27）。矩形的短边上各套有一个铁芯，上面绕有感应线圈。当线圈中有电流流过的时候，铁芯中便会感应出磁场，从而将能量耦合到放电管中，让灯发光，如图 2-28 所示。灯的功率为 150W，亦可直接连接市电电源，工作频率为 2.65 MHz，发光效率达 80 lm／W。光色既有暖白色的也有日光色的，其寿命为 60 000 小时。

无极灯主要由高频发生器、耦合器和灯泡三部分组成。工作原理是：

图 2-27　矩形无极灯

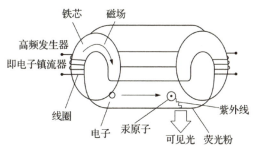

图 2-28　矩形无极灯原理图

通过高频发生器的电磁场以感应的方式耦合到灯内，使灯泡内的气体雪崩电离，形成等离子体，等离子体受激原子返回基态时辐射出紫外线，灯泡内壁的荧光粉受到紫外线激发产生可见光，如图 2-28 所示。

无极灯有两种：高频无极灯，工作频率是 2.65 MHz，一般是球形的。低频无极灯，工作频率是 250 kHz 和 140 kHz，一般是环形的。

无极荧光灯最突出的特点是：无电极，去除了制约传统光源寿命的灯电极，使无极荧光灯的有效使用寿命大大延长。再就是无极荧光灯不采用液态汞（水银）和其他有害气体，完全符合国家环保要求，是真正环保型的"绿色照明"。因此，无极灯有许多优点：长寿、高效、节能、环保、无汞污染、光色多，可广泛应用于室内外照明。但由于目前无极灯制造成本偏高，价格一时还降不下来，电磁干扰还未彻底解决，所以现在只在某些特殊场合使用，作为新生事物，它仍在完善和发展中。

现在无极灯和 LED 灯正一决雌雄，都在争夺第四代光源宝座，成为未来人们期待的高效、长寿和环保的理想照明光源。

第五节　吴祖垲造出国产第一批日光灯

1952 年 4 月，南京电照厂（华东电子管厂前身）吴祖垲等人采用他们研制的荧光粉试制出青白色、橙黄色、粉红色和黄色荧光灯，并将这些灯送到南京工人文化宫参加五一国际劳动节新产品展览会。这是我国第一批完全用国产材料、全部工艺流程自主完成的荧光灯，在工人文化宫一面世就引起巨大反响。电照厂厂长吴祖垲与鲍友恭根据研究制造过程写成了《日光灯制造基础》，被视为中国日光灯工业的奠基之作。

吴祖垲（1914—2014），真空电子技术专家，1914 年 3 月出生于浙江嘉兴县新胜镇一个家道中落的书香人家，1937 年上海交通大学毕业，1946 年于美国密歇根大学获硕士学位。他主持试制成功我国第一只日光灯、黑白显像管、彩色管及多色显示管等。这些成就，让吴祖垲被赞誉为"中国日光灯技术研制的先驱者""中国电子束管工业的奠基人""中国彩电第一人"，也有人称之为"中国荧光灯之父"。

图 2-29　吴祖垲

1937 年，吴祖垲从上海交通大学毕业后，到湖南湘潭我国第一个电子管工厂实习，在这里吴祖垲了解到美国已经发明了荧光灯，发光功率是白炽灯的 5 ~ 6 倍，寿命为白炽灯的 6 倍。他开始对日光灯产生了浓厚兴趣。后来吴祖垲购买了一只从美国进口的荧光灯开始研究起来。

吴祖垲明白，要制造荧光灯首先要解决原材料问题，即制出荧光粉。当时，他除了上海交大学习到的化学基础知识和手头仅有的一本美国《RCA 评论》杂志，找不到任何其他试制荧光粉的资料。在那个年代，他也无法找到实验设备。尽管如此，任何困难都无法改变他科学救国、产业救国的决心。于是，没有高温电炉，他就用玻璃炉代替，用人工操作的方法，将一只白金坩埚放在一把铲子上，送入玻璃炉炼烧。一次次失败，一次次试验，经过半年多的不懈努力，吴祖垲终于用土办法研制成功我国第一批荧

图 2-30　吴祖垲在实验室工作 / 老科学家学术成长采集工程

光粉，这是他自力更生、艰苦奋斗的结果。又经过半年多的反复试制，1952 年，吴祖垲终于试制出我国第一只荧光灯，如本节开头所述。到 1953 年时，南京电照厂（741 厂）已能批量生产荧光灯。

在此说明，据胡西园回忆录所述[1]：解放初期，他主持的亚浦耳电器厂试制成功了国产第一根日光灯管。我们详情不知，缺乏旁证，仅作参考。

---

[1] 胡西园著，《追忆商海往事前尘——中国电光源之父胡西园自述》，中国文史出版社，2006 年版，第 5 页。

第三章

第三代照明电光源——气体放电灯

　　电光源家族的代言人——白首翁今天要同大家聊聊照明电光源家族第三代的故事。电光源家族第三代通称气体放电灯，这一代兄弟姐妹挺多，即灯的品种繁多，新灯层出不穷，年龄相差很大，从 20 世纪 20 年代到 70 年代，几乎半个世纪。在这样长的时间里，国际局势发生很大变化，也对电光源家族的发展造成正面和负面的影响，使这一代走过了不寻常的路程。

　　气体放电灯发展的时代背景：

　　20 世纪 20 年代末期，资本主义世界发生了有史以来最大的一次经济危机。英国、法国、德国、美国等国都受到了巨大的冲击。为了挽救他们的命运，资本主义国家一方面进行调整和改革，一方面大力发展科学技术。各国努力开发新产品，包括新型照明电光源，抢占其国内外市场。为此，他们不惜大量投资，用于科学研究和技术开发。

照明技术也获得快速的发展，先进的科技培育出了朵朵新灯之花。

　　然而，到了20世纪30年代，战争的乌云笼罩在世界上空，1939年第二次世界大战爆发。战争一方面阻碍了科学技术的进步；另一方面，战争又是科学技术发展的重要刺激因素。由于战争的迫切需要，各国不惜投入巨额经费和大量人力物力，发展高精尖的科学技术，因而在某些领域取得了令人瞩目的成就。这一时期正是气体放电灯蓬勃发展的时期，一些国家积极从事战争急需的现代光源研制工作。人们不断地改进旧灯，创造新灯。

　　自从20世纪70年代世界发生能源危机后，照明工程进入了节能照明时代。电光源工作者不断努力、不断探索、不断前进，力图使最少的电能发出最多的光能，努力寻找经济、长寿、方便和高光效的光源。

第一节　气体放电灯概述

　　气体放电灯是基于气体放电原理将电能转换为光的一种电光源。气体放电现象有多种形式，电光源用得较多的是辉光放电和弧光放电（或电弧放电）。辉光放电一般用于霓虹灯和指示灯。弧光放电可有很强的光输出，照明光源都采用弧光放电。荧光灯、高压汞灯、钠灯和金属卤化物灯是应用最多的照明用气体放电灯。

图3-1　各种气体放电灯

一、气体放电灯的发光原理

气体放电灯放电发光的基本过程分三个阶段：

首先，放电灯接入工作电路后产生气体放电，由阴极发射的电子被外电场加速，电能转化为自由电子的动能；

其次，快速运动的电子与气体原子碰撞，气体原子被激发，自由电子的动能又转化为气体原子的内能；

最后，受激气体原子从激发态返回基态，将获得的内能以光辐射的形式释放出来。

二、气体放电灯的结构

各种气体放电灯的基本结构大同小异，都由泡壳、电极和放电气体构成，泡壳内充有放电气体。由于电弧放电一般都具有负阻特性，即电压随电流的增加而减小，所以气体放电灯不能单独接到电路中去，如将气体放电灯单独接到电源上，灯泡或电路元件将被过大的电流毁坏。灯泡必须与触发器（或启动器）、镇流器等辅助电器一起接入电路才能启动和稳定工作，所以，灯具就比白炽灯复杂。放电灯的启动通常要施加比电源电压更高的电压，有时高达几千伏或几万伏，采用漏磁变压器，或用启动器才能点燃。

三、气体放电灯的类别

气体放电灯是照明电光源家族中庞大的分支，若按放电形式分类，可分为弧光放电灯和辉光放电灯。前者利用弧光放电中等离子体产生光，阴极工作在较高温度下，所以又叫热阴极灯，主要有荧光灯、汞灯、钠灯等。辉光放电灯则由辉光放电产生光，放电时阴极温度不高，所以又叫冷阴极灯，主要有霓虹灯等。

若按放电时的气压高低划分，可分为三类：

1. 低压放电灯

低压放电灯放电时的灯内气压为 1% 个标准大气压左右，低压气体放电灯发光体较大，发光均匀。其工作电流较小，灯功率也较小，一般在 200 W 以内。低压气体放电灯按启动方式分为冷阴极灯和热阴极灯两种。冷阴极灯不需预热可被高电压直接启动，如霓虹灯。热阴极灯需进行预热，当灯丝达到电子发射温度时再启动，如预热式荧光灯，需配用适宜的启动器进行预热启动。

普通荧光灯即属低压放电灯；低压钠灯是利用低压钠蒸气放电发光的电光源；无极荧光灯（即无极灯）亦属于低压放电灯，它没有灯丝和电极，但发光原理和传统荧光灯相似。这些在本章稍后介绍。

2. 高压气体放电灯

高压气体放电灯灯内气体的总压强在 1 ~ 10 个标准大气压。目前常见的有：荧光高压汞灯、高压钠灯、金属卤化物灯、陶瓷金属卤化物灯。这些是本章后面几节重点介绍的灯。

3. 超高气压灯

超高气压灯放电时的灯内气压大于 10 个标准大气压，例如：超高压汞灯、镝灯、铊钠灯、钠铊铟灯等。

第二节　钠灯

气体放电灯兄弟姐妹众多，各有各的特性，各有各的用途，正所谓"八仙过海，各显神通"。下面先谈谈钠灯。

一、 低压钠灯

1. 低压钠灯的研制

1923 年，康普顿和范沃希斯（C.C.Van Voorhis）研制成功一个发光效率为 340 lm/W 的低压钠灯。

康普顿何许人也？他可是 20 世纪著名的物理学家，1927 年诺贝尔物理学奖获得者。

阿瑟·霍利·康普顿（Arthur Holly Compton，1892—1962），出生于美国俄亥俄州伍斯特。1913 年他从伍斯特学院以最优异的成绩毕业，并成为普林斯顿大学的研究生，他在那里接受了物理学家阿尔伯特·爱因斯坦的指导，并开始进行自己的研究。在他的博士研究期间，他通过研究 X 射线的散射现象，发现了所谓的"康普顿效应"，即 X 射线与物质相互作用时发生波长增长的现象。这一发现对于后来的粒子物理学和量子力学的发展产生了深远影响，为此康普顿获诺贝尔物理学奖。

康普顿曾在西屋电气公司任研究工程师；随后在宾夕法尼亚州的东匹兹堡威斯汀豪斯电气公司担任两年研究工程师，在此期间，康普顿取得钠气灯设计的专利；后来在内拉帕克期间，他跟通用电气公司的技术指导佐利·杰弗里斯（Zay Jeffries）密切配合，促进了荧光灯工业的发展，使荧光灯的研制进入最活跃的年代。

图 3-2　阿瑟·霍利·康普顿　　图 3-3　康普顿研制钠灯

让我们书归正传。

康普顿发明的低压钠灯有一个圆形的灯泡，两边各有两个电极。固体钠金属固定在灯泡的底部中心，如图 3-4 所示。当加热的金属汽化时，灯就会发出黄光。这种灯的问题是，高腐蚀性的钠会腐蚀普通玻璃，即使石英玻璃泡壳也会变黑。

图 3-4　康普顿发明的低压钠灯　　　　图 3-5　马塞罗·皮拉尼

马塞罗·皮拉尼（Marcello Pirani，1880—1968）在改进低压钠灯上做出贡献。1880 年出生于德国柏林的马塞罗·皮拉尼是意大利后裔，曾发明真空计，俗称"皮拉尼规"。他在 1904 年完成了数学和物理方面的研究，之后加入了德国西门子和哈尔斯克公司白炽灯厂。他主要研究光源，1931年，他在德国欧司朗工作期间，研制出抗钠玻璃，解决了钠腐蚀问题。

1932 年荷兰飞利浦公司与英国、德国公司合作制造出用于商业销售的低压钠灯。1932 年的低压钠灯如图 3-6 所示，有一个阴极，二个阳极，放电管装在杜瓦瓶中。

低压钠灯的发明经历颇为曲折。

低压钠灯发光效率非常高，是目前所有照明电光源中最高的。其发光效率是白炽灯的 10 倍，是一种难得的节能电光源。可惜低压钠灯发出的是谱线为 589.0nm 和 589.6nm 的黄光，显色性很差，看上去很不舒服，造成所谓"光色污染"。所以，虽然它早在 1932 年就问世了，但由于光色污染和其他材料和工艺问题，所以只应用在街道和公路上，而没进入室内照明。就这样它沉睡几

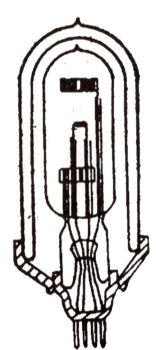

图 3-6　1932 年的低压钠灯

十年，一直到 20 世纪 70 年代，有了抗腐蚀玻璃和反射红外线涂层后，低压钠灯才得到发展。这时低压钠灯的泡壳有两层玻璃：外层是普通玻璃，内层为高硼玻璃，高硼玻璃与钠不发生化学反应。此外，为了提高放电时玻璃壳的温度，以获得最大的发光效率，还需要利用内管放电产生的红外线，使之反射到内管，这样放电时内管的温度就会升高，发光效率才会最佳，才使低压钠灯走向实用阶段。

到 20 世纪 70 年代，世界发生能源危机，各国普遍注意节约电能，发光效率最高的低压钠灯才受到重视。低压钠灯与常用电光源相比，节电可达 70% 以上，是节能型光源，因此发展较为迅速，在隧道、河道、桥梁、公路等处多被采用。

低压钠灯研制的不平凡经历，彰显了"人类总是从事物的缺点中不断前进"的真理。

2. 低压钠灯的发光原理

低压钠灯是钠蒸气气压不超过 5 Pa 的钠蒸气放电光源。当灯泡启动后，电弧管两端电极之间产生电弧，由于电弧的高温作用使管内的钠和汞齐（汞合金）受热蒸发成为汞蒸气和钠蒸气，阴极发射的电子在向阳极运动过程中，撞击放电物质的原子，使其获得能量产生电离激发，然后由激发态回复到稳定态；或由电离态变为激发态，再回到基态无限循环，多余的能量以光辐射的形式释放，便产生了光。低压钠灯的放电辐射集中在 589.0 nm 和 589.6 nm 的两条谱线上，即所谓的"共振辐射线"，这两条共振线全在黄色区域，因此它的光色是纯黄色。

钠灯是一种气体放电灯，和其他气体放电灯一样，也具有负阻特性，即灯泡电流上升，而灯泡电压却下降。在恒定电源条件下，其工作状态是不稳定的，随着放电过程继续，它必将导致电路中电流无限上升，最后直至灯泡或电路中的零部件被烧毁。所以，钠灯电路中必须串联一具有正阻特性的电路元件来平衡这种负阻特性，稳定工作电流，该元件称作镇流器或限流器。

3. 低压钠灯结构

低压钠灯有直管形和 U 形两种。直管形低压钠灯类似于直管荧光灯。它有一个双端引线的电弧放电发光管，管内充有钠和氩氖混合气，两端各封有一个电极。放电管密封在一个真空外套管内，外套管两端各装一个双插脚灯头。U 形低压钠灯采用管径细而长的放电管并将其弯成 U 形，以缩小灯的体积，并可使弯曲的两管端相互加热，以减少热损耗。放电管玻壳采用抗钠蒸气侵蚀的抗钠玻璃制作。为减少由于传导、对流产生的热损耗，将放电管放在真空圆柱形外玻壳内，玻壳内壁涂覆能反射红外线的膜，以减少放电管的热辐射损耗，提高低压钠灯的发光效率。这种透明反射红外线的膜层以氧化铟膜层居多。此外灯的外玻壳内还装有支架以支撑放电管，图 3-7 和 3-8 分别为低压钠灯结构和外形图。

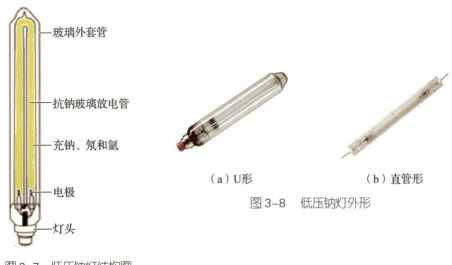

玻璃外套管

抗钠玻璃放电管

充钠、氖和氩

电极

灯头

（a）U形　　　　　　　　（b）直管形

图 3-8　低压钠灯外形

图 3-7　低压钠灯结构图

4. 低压钠灯的优缺点

优点：其发光效率极高，可达到 200 lm/W，成为各种电光源中发光效率最高的节能型光源，低压钠灯与常用光源相比，节电可达 70% 以上。它的发光效率基本不受外部环境温度的影响，而且寿命长，可达 20 000 小时。低压钠灯辐射单色黄光，透雾性强而且柔和、不眩目，受到驾驶员的青睐，尤其适合太阳能路灯、隧道照明及高原高寒等特殊环境地区使用。此外，低压钠灯点燃后能辐射出 589.0nm、589.6nm 钠谱线，可作为旋光仪、折射仪、偏振仪等光学仪器中的单色光源。

缺点：由于其光谱分布太窄，显色性差，所以不适用于商业照明。又因为光谱靠近单色黄光，与自然光的光谱相差比较大，这会让人的眼睛不舒服，因此这种灯仅用于广场、公路等公共场所，不适合室内照明。低压钠灯属于熄灭后不能马上再启动的光源，需要灯冷却后再启动。

二、　高压钠灯

高压钠灯是从低压钠灯发展过来的，从历史发展的角度来看，高压钠灯是低压钠灯的"弟弟"。其工作原理、构造等都与低压钠灯有相似之处，原理相同之处不再重复，仅把不同之处再谈一谈。

1.高压钠灯的研究历程

康普顿发明低压钠灯后，就有人想制造高压钠灯，认为灯内钠蒸气压越高，光效越高，光色越好，问题是没有找到任何材料可以忍受高温、高压和钠的腐蚀。

30 多年后，在通用电气（GE）研究实验室工作的一位研究员，名叫罗伯特·科布尔（Robert Coble），在纽约研制出多晶氧化铝半透明陶瓷材料，其熔点高达 2 040℃，既耐高温又抗钠腐蚀。所谓半透明，是从表面上看起来不怎么透明，却能让 90% 的光透过。图 3-9 为用这种材料制的灯

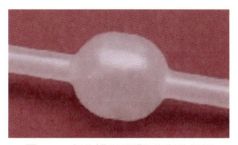

图 3-9　氧化铝半透明陶瓷制的灯管

管。有了这种材料，电光源发明家如获至宝，才成功制出第一只高压钠灯。

科布尔的研制为威廉·劳登（William Louden）、库尔特·施密特（Kurt Schmidt），以及埃尔默·霍蒙瑙依（Elmer Homrighausen）发明高压钠灯铺平了道路。

1964 年劳登、施密特和霍蒙瑙依在克利夫兰通用电气研究园区内，使用新的氧化铝半透明陶瓷材料，制造出第一盏实用的高压钠灯，1965 年开始商业销售。

高压钠灯与低压钠灯的主要不同点是钠蒸气压的高低。高压钠灯中放电物质蒸气压很高，光效最高时气压约为 10 kPa，也就是钠原子密度高，电子与钠原子之间碰撞次数频繁，使钠的两条共振辐射谱线加宽，出现其他可见光谱的辐射，因此高压钠灯的光色得到改善，由纯黄色变为金白色，显色性提高。

几乎所有的高压钠灯都含有汞和氙气，氙气主要起启动作用，汞蒸气起缓冲气体的作用，缓冲气体能提高灯的光效。

2. 高压钠灯的结构

高压钠灯的结构如图 3-10 所示，高压钠灯的外形图如图 3-11 所示。高压钠灯由放电管（内管）和外泡壳组成。高压钠灯的放电管采用半透明的多晶氧化铝陶瓷管，陶瓷管的透过率很高，达 97% 以上，内管细而长。外泡壳为硬料玻璃，内管与外壳之间抽成真空，以防止内管封接铌帽在高温下被氧化，同时真空也起减少热对流损失的作用。高压钠灯的尺寸一般比低压钠灯要小。

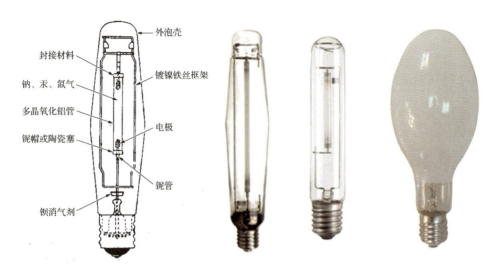

图 3-10　高压钠灯的结构　　　　图 3-11　高压钠灯的外形

外泡壳
封接材料
钠、汞、氙气
多晶氧化铝管
铌帽或陶瓷塞
钡消气剂
镀镍铁丝框架
电极
铌管

3. 高压钠灯的优缺点

高压钠灯具有发光效率高、耗电少、寿命长、透雾能力强和不诱虫等优点：

（1）发光效率很高：400 W 的高压钠灯光效可达 150 lm／W，这是目前高气压灯中光效最高的，是最理想的道路照明节能光源。

（2）寿命长：高压钠灯的寿命可达 20 000 小时，比白炽灯长 20 倍。

（3）环境温度对灯工作影响不大：外界温度在 -40℃ ~ +100℃ 间变化时，灯的光输出变化并不明显。

（4）透雾能力强：钠灯灯光的穿透力强，射程远，尤其在雾天雨天白茫茫一片时，高压钠灯可以穿透浓雾，光照甚远，这对大面积远距离照明很有意义，所以钠灯特别受司机的欢迎。

（5）不诱昆虫：钠灯紫外线辐射很少，钠灯的紫外成分同汞灯相比，显得微乎其微。紫外线引诱昆虫的能力很强，如果用紫外线很少的钠灯做道路照明，则不会产生上述恶果。

由于上述特点，高压钠灯被广泛应用于道路、高速公路、机场、码头、船坞、车站、广场、街道交汇处、工矿企业、公园、庭院照明。

高压钠灯的缺点：

（1）显色性很差，显色指数只有 20～30，色温只有 2 100 K，所以灯光为金黄色。

（2）启动电压高、重复点燃困难：高压钠灯的点燃必须要 2 000 V 以上的高压才行。启动电压高使点灯装置变得复杂，成本增加。另外，高压钠灯的重复点燃同汞灯一样困难，灯熄灭后，要马上再点燃是很困难的，需要灯冷却后，才能再点燃它，时间约为 10 分钟。

（3）高压钠灯同其他气体放电灯泡一样，具有负阻特性，电路中必须串联镇流器或限流器，稳定钠灯工作电流。

（4）成本高：高压钠灯的放电管采用多晶氧化铝陶瓷管，成本较高。此外，用于金属与陶瓷封接的是铌、钽等贵金属，所以生产成本高，不利于推广、应用。

第三节　高压汞灯

说起汞灯家庭，有高压汞灯与低压汞灯两兄弟，低压汞灯就是前面讲过的荧光灯，从出生时间来看，高压汞灯比低压汞灯还早，称得上是低压汞灯的"兄长"。下面就谈谈高压汞灯的来历。

一、　高压汞灯的研发历史

时间回到 20 世纪初，1906 年底，库赫（Kuhl）和雷欣斯凯（Retschinsky）首次发现了高压汞蒸气放电，这是高压汞灯的基础，但直到 20 世纪 30 年代才制造出高压气体放电灯——高压汞灯。

1927 年，德国科学家埃德蒙·革末（Edmund Germer）等人终于发明了可以实用的高压汞灯，他们在抽了真空的管子里充入高压水银蒸气，使用钙的化合物做荧光粉，制作出发偏蓝紫色光的汞灯装置。虽然它的光色对眼睛来讲不舒服，与实用依然有一段距离，革末还是申请了高压汞灯的发明专利（图 3-12）。但是革末的发明并未形成产品。

通用电气公司（GE）买下了革末等人的专利，1932 年制造出螺旋插座高压汞灯，并推向市场。高强度气体放电灯（HID）时代正式开始。但一直到 20 世纪 50 年代初，高压汞灯的制造技术才基本成熟。

高压汞灯问世后，并未受到人们喜欢，皆因它发的光偏蓝绿，光色不好，把人脸照得青紫，令人厌烦。汞灯有缺点，

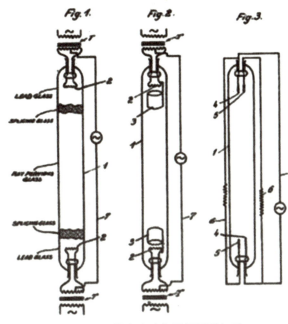

图 3-12　革末申请的汞灯发明专利

就有人拿出锦囊妙计来改进，正所谓"戏法人人会变，各有巧妙不同"，于是产生了 4 种方案，用来改善高压汞灯的光色。

1. 荧光高压汞灯

这是较好的方案。在外玻璃壳的内表面涂敷一层荧光粉，利用高压汞灯辐射的长波紫外线（主要是 365.0 nm），转换为可见光的长波部分（即橙黄部分），这样，灯的发光就由两部分组成：一部分是高压汞灯的蓝绿色光，另一部分是荧光粉的红橙黄色光。两者混合后使灯的光色大为改善。荧光高压汞灯不仅显色性提高了，而且光效和寿命也提高了，因此，荧光高压汞灯得到了广泛的应用，在公路、街道大放光明。这种灯也就是我们下面重点介绍的对象。

2. 自镇流高压汞灯（又叫复合灯）

用一条白炽灯丝与高压汞灯管串联，灯丝主要发红色光，而高压汞灯

管主要发蓝绿光，两者混合后，灯的光色改善了，而且灯丝还起到了镇流器的作用，故这种灯被称作自镇流高压汞灯。然而因灯的总发光效率很低（与普通白炽灯的发光效率相近），而且灯丝容易烧毁，灯的寿命也很短，在 5 000 小时左右，所以，这种灯也就没有发展前途了，本书不再详谈。

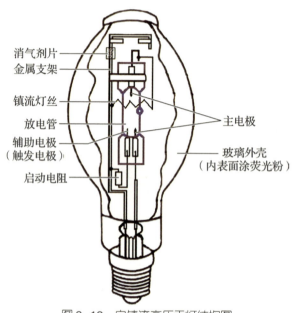

图 3-13　自镇流高压汞灯结构图

3. 超高压汞灯

如果进一步提高汞蒸气压强的话，则灯的光色也会得到改善。这是因为汞蒸气压提高，汞的光谱线被加宽，光谱相对地连续性强，灯的显色性提高。灯内汞的压强提高到 10 ~ 25 个标准大气压后，即便灯的外壳强度加大，灯还是容易发生爆炸，虽有此种产品，但也不适宜用于一般照明。

4. 金属卤化物高压汞灯

在高压汞灯内充入某些金属卤化物，会使灯的光色和光效大大提高，由此派生出一类新型的电光源——金属卤化物灯。关于这种灯下面将专列一节来叙述。

从汞灯的研发和改进过程，我们再次看到一项发明常常需要很多人像接力棒一样不断地接下去，后人需要站在前人的肩上不断地努力，才能使该项发明臻于完善。

二、高压汞灯的结构

高压汞灯指汞蒸气压强在 2 ～ 5 个标准大气压（51 ～ 507 kPa）、主要发射波长在 365.0 nm 的汞蒸气弧光灯，其结构如图 3-14 所示，外形如图 3-15 所示。

金属支架
主电极
石英玻璃放电管
硬料玻璃外壳
（内表面涂荧光粉）
辅助电极（触发极）
钼箔封接
电阻

焊锡

图 3-14　荧光高压汞灯结构

图 3-15　荧光高压汞灯外形

荧光高压汞灯从外形上看与白炽灯有点相似，近于球形的灯泡，螺纹灯头。玻壳分内外两层：里面有个管状的放电管，是石英玻璃做的，又细又短，只有人的手指大小，内装高压汞蒸气；外面套着一个椭球形的硬质玻璃外壳。两层玻壳之间抽成真空，或者充进惰性气体。汞灯通电后放电管产生紫外线和可见光的短波部分，因此它的光色偏蓝绿，缺少红色成分，显色指数 Ra 只有 20 左右。为了克服它的不足，在玻璃内壳上涂上荧光粉，将紫外线转化为可见红光，增加红色光的成分，这样可以使高压汞灯的显色指数 Ra 达到 40 ～ 50。外玻壳包着放电管，起着保护的作用，一方面防止脏物污染，另一方面减少热量损失，减轻外界的影响，使放电管保持一定温度，工作更加稳定可靠，灯光更加明亮柔和。

在高压汞灯的放电管内有一个或两个辅助电极，帮助高压汞灯启动，因此高压汞灯不需外设启动电路。若是灯熄灭了，此时灯内的汞蒸气压很高，放电将难以建立，因此，必须待灯冷却后才能重新启动高压汞灯，这与高压钠灯和金属卤化物灯的情况类似。

同荧光灯一样，高压汞灯也需要用镇流器来启动和稳定灯泡的电压和电流。高压汞灯的工作电路如图 3-16 所示。

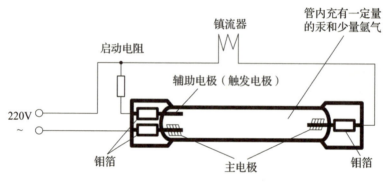

图 3-16　高压汞灯的工作电路

三、高压汞灯的发光原理

与前面讲的荧光灯类似，当高压汞灯的电源接通时，首先在相距较近（只有 1 ~ 2 毫米）的主电极和辅助电极（又叫触发电极）之间发生辉光放电，产生大量的电子，使两主电极之间的电荷密度增高，激发汞原子电离，然后引起两个主电极之间的弧光放电，灯管启燃。同时汞原子电离通过玻璃内表面上的荧光粉将紫外线转化成可见光。

四、高压汞灯的优缺点

荧光高压汞灯具有光效高、寿命长（可达 10 000 小时）、耐振、省电、光线柔和等特点，环境温度的改变对灯的光输出和灯寿命影响很小。电源电压变化对荧光高压汞灯的特性影响较小，所以适用于工厂、工地、街道、广场、车站、码头等处照明，是在公共场合应用很广的一种灯。

它的缺点是显色性差，发出蓝绿色的光，它照射下的物体发青，因此只适于广场、街道的照明，而且不能瞬时启动，不适合室内照明。此外，在低温环境中，高压汞灯的启动比较困难，甚至不能启动。高压汞灯在工作中熄灭以后不能立即再启动，其再启动时间需要 5 ~ 10 分钟。还有环保问题：高压汞灯内部含有少量汞，长期使用会对环境造成污染。

第四节　氙　灯

一、氙气灯的发展历程

氙灯素有"人造小太阳"的美称。它利用惰性气体氙的弧光放电，辐射出耀眼的光辉，光谱跟日光非常接近，这是它最重要的特点，因此人们称它为"人造小太阳"。氙灯其实有三个兄弟，长弧氙灯、短弧氙灯和脉冲氙灯，出生有先后。

氙灯的起源可以追溯到 20 世纪 30 年代，美国工程师哈罗德·埃哲顿于 1938 年发明了氙气闪光灯（即高速闪光系统，也就是闪光灯的初代产品）。

哈罗德·埃哲顿何许人？让我们略做介绍。

哈罗德·埃哲顿（Harold Eugene Edgerton，1903–1990）是美国享有盛名的发明家，1903 年 4 月 6 日生于美国内布拉斯加州弗里蒙特，1925 年毕业于内布拉斯加大学电气工程系，1931 年获马萨诸塞理工学院博士学位，系美国国家科学院、国家工程院院士。

他发明了氙气闪光灯，并将其用于闪光观察器和高速摄影；曾为美国发明了能从 11 千米外拍摄原子弹爆炸的照相机；设计用于海底地质与考古观测的水下摄影机。1987 年，已是高龄的他还设计了海底机器人摄像机，首次拍摄沉没多年的泰坦尼克号遗迹。他一生著作颇丰、发明众多，曾获美国国家科学勋章（1973年），1986 年入选美国发明家名人堂。

图 3-17　哈罗德·埃哲顿

下面书归正传，继续谈氙灯的研制。

1949 年英国西门子灯公司的约翰·奥尔丁顿（John Aldington）发表了氙气放电的研究成果，氙灯研制才取得进展。这引发了德国欧司朗（Osram）公司进一步开发该技术，1950 年 10 月 30 日，首次成功地使用氙灯进行公共投影。欧司朗公司发展研究中心实验室经过多年的研制和改进，于 1951 年正式向市场推出超高压短弧氙气灯。1954 年，在德国科隆世界照明和电影博览会上，蔡司（Zeiss）公司展出了第一只作为电影放映光源的氙气灯。此后，超高压短弧氙气灯在世界上大多数影院取代碳弧光源成为新的电影放映光源。

1965 年由蔡祖泉研制成功的、当时世界上功率最大的 100 kW "小太阳" 长弧氙灯，在上海市人民广场开启亮灯仪式。这盏灯把广场照得像白天，许多人聚集在广场观看、欣赏和赞美这灿烂夺目、华光四射的新型光源，这盏当时被称为中国人的 "争气灯"，把中国人民心中的民族自豪感也照亮了！

1967 年 2 月 21 日，弗里德里希（Elmer G. Fridrich）制备的短弧氙灯获得美国专利授权，专利号为 USP 3,305,289，用于汽车前灯照明。1972 年桑姆（Thom）公司开始生产短弧氙灯。

二、氙灯的发光原理

氙灯与传统灯最明显的区别在于：普通灯泡有灯丝，氙灯没有灯丝。氙灯是利用两电极之间放电产生的电弧来发光的，如同电焊中产生的电弧发光一样。超高电压加在完全密闭的微型石英灯泡（管）内的金属电极之间，激发灯泡内物质（氙气、少量的水银蒸气、金属卤化物）的原子在电弧中电离，发射出连续光谱并叠加有少量的线光谱。氙灯发出的光近似于日光，故被称为"人造小太阳"。

三、氙灯的类型

氙灯有三种类型：长弧氙灯、短弧氙灯和脉冲氙灯，外形、结构、气压、用途各不同。"花开三朵，各表一枝。"我们先讲一讲长弧氙灯。

1. 长弧氙灯

长弧氙灯的结构如图 3-18 所示，外形如图 3-19 所示。

灯的两电极之间的距离较长（约 100 mm），产生的电弧也长，叫它长弧氙灯还是名实相符的。长弧氙灯的灯管一般都呈细管形，用石英玻璃制成，两端各封有一个能发射和接收电子的钍钨或钡钨电极，灯内部充以适

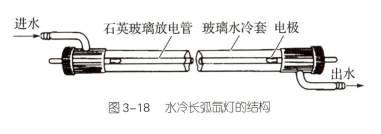

图 3-18　水冷长弧氙灯的结构

图 3-19　水冷长弧氙灯外形

量的氙气，工作气压一般为一个标准大气压。长弧氙灯一般为交流使用，点燃时不需要镇流器，而要用一个触发器来开启，因为灯的工作电压太低，不足以使灯内的气体电离放电。触发器的作用就是产生一种高压脉冲加到灯的两极上，在灯管里产生弧光放电，同时加热电极发射电子，灯就点亮了。

长弧氙灯的功率可以做得很大，少则几千瓦，大的可达几十万瓦。然而，功率越大，灯管壁温度越高，都要高到好几百摄氏度。光靠自然冷却是不够的，需要强制冷却，或者用风冷，或者用水冷。水冷就是用循环水冷却管壁，迫使沿着水套流动的水把灯放出的热量带走。

这种灯发光效率较低，大功率长弧氙灯的发光效率只有 25 ~ 28 lm / W。在 20 世纪 60 年代，因其亮度高、光色好，一些国家曾广泛用于广场、体育场、码头、机场等处大面积照明。然而，随着高压钠灯、金属卤化物灯等高光效光源的出现，大面积照明用长弧氙灯因光效较低逐渐被淘汰了，仅在印刷制版等行业保留使用。

2. 短弧超高压氙灯

顾名思义，短弧超高压氙灯是灯内氙气压很高、电弧短的氙灯，灯点亮时气压约 20 个标准大气压，两电极间距 3 ~ 8 mm，所以产生的电弧就很短。

短弧氙灯的结构如图 3-20 所示，外形如图 3-21 所示。

短弧氙灯常用耐高温的石英玻璃制成玻壳，一般的短弧氙灯多做成球形或椭球形，两电极间距仅几毫米，在金属电极与石英玻璃之间采用过渡玻璃等材料进行封接。通电后在两电极间产生电弧而发光。短弧氙灯一般都是直流供电，因此电极有正负之分。阳极受到电子轰击，温度很高，为了散热，阳极的体积明显比阴极大，表面做成凹槽形以增大散热面。

短弧氙灯发出的光接近太阳光，是气体放电灯中显色性最好的，正是放映彩色电影的理想光源。放映彩色电影时，只有显色指数高的放映光源才能把影片上的各种颜色栩栩如生地放映出来。此外，短弧氙灯由于工作

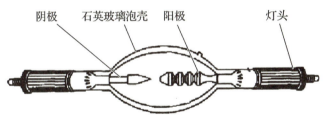

图3-20　短弧超高压氙灯结构

图3-21　短弧超高压氙灯外形

稳定，操作方便，适用于探照、火车车头以及模拟日光等方面。20世纪90年代，氙气灯逐渐被应用于汽车和摩托车照明上，车用氙气灯最早是由飞利浦公司研发成功的。近些年来，氙灯除了继续在汽车照明领域发挥其长处之外，在大功率民用照明方面也开始崭露头角。今后氙灯必将在新的照明领域发出更加璀璨和耀眼的光芒！

3. 脉冲氙灯

脉冲氙灯一闪一闪地发光，就像脉搏跳动一样，所以叫作脉冲氙灯。它也可以像闪电一样，在不到千分之一秒的时间内发出很强的闪光，为此又叫闪光灯。它的最大特点是亮度高，是目前除激光器以外的人造光源中最亮的一种，可以比太阳光还亮。

脉冲氙灯不能接在220 V的交流电源上，而要用专用的直流高压电源。它需要很高的触发电压，通过绕在灯上的触发丝使脉冲灯启动放电。灯内通过的瞬时电流大到几千安培。

图3-22是脉冲氙灯的几种结构图。图（a）是管形脉冲氙灯，图（b）是 U 字形脉冲氙灯。不同的结构适用不同场合。

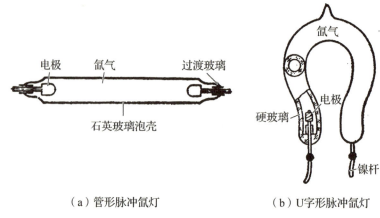

（a）管形脉冲氙灯 （b）U字形脉冲氙灯

图 3-22 脉冲氙灯的几种结构

功率较大的脉冲氙灯结构如图 3-22（a）所示，管形脉冲氙灯的外形如图 3-23 所示，泡壳用石英玻璃、电极用钍钨制成。脉冲氙灯能发出很强的近红外线，它的一个重要用途是作为红外线激光器的激发源，在激光技术中称作光泵光源，简单说来，就是用脉冲氙灯发出的强光照射产生激光的物质（特种玻璃或特种晶体），使激光物质的原子受到激发。在一定的条件下，就能发出激光。这里，脉冲氙灯的作用，有点像水泵把水泵到高处一样，它把激光物质中的原子"泵"到激发状态，随后发光，所以称为光泵。

照相用的脉冲氙灯结构如图 3-22（b）所示，就是通常说的万次闪光灯，这种灯用硬质玻璃制成，电极采用螺旋钨丝，其光色与日光相近，故适用于彩色摄影。配备闪光灯的照相机如图 3-24 所示。

脉冲氙灯的氙气压强很低，一般都低于一个标准大气压，所以脉冲氙灯又叫作低气压氙灯。它的点燃是依靠脉冲高电压使氙气放电，因此它的光输出也是脉冲形式的，脉冲氙灯的色温很高，为 7 000 ~ 9 000 K，发光效率约为 40 lm/W，光色、显色指数都同普通氙灯一样，只不过一种是脉冲形式，另一种是连续形式而已。

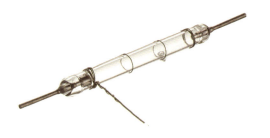

图 3-23　管形脉冲氙灯的外形图　　　　图 3-24　配备闪光灯的照相机

四、氙灯的优缺点

上面我们把氙灯家三个兄弟介绍了一下，下面把它们的共性谈一谈。

氙灯是一种优秀气体放电光源，具有以下优点：

（1）省电。相比卤素灯 60W 的功耗，氙灯只需要 35W 的功率，节能将近一半。

（2）稳定性好。氙灯可以在较短时间内启动，在启动后可以迅速达到稳定的光输出。

（3）显色性好、光色稳定。氙灯的显色指数为 95，氙灯的光色接近中午的太阳光色，而且稳定。当灯内氙气压强在很大范围内变化时，也能保持稳定的光色，这是其他种类的电灯做不到的。

（4）工作温度范围宽。氙灯的工作温度范围宽，可以在 -40 ℃～ +50 ℃的温度范围内正常工作。

（5）具有正阻性，即正阻的伏 - 安特性。因此氙灯工作时不需要镇流器限流，这在气体放电光源中是独一无二的。

（6）寿命较长，一般约为 3 000 小时。

氙灯光源具有功率大、体积小、显色性好等特点，因此常被用于建筑施工现场、广场、车站、码头等需要高照度、大面积照明的场所。

氙灯光源也存在一些缺点，如光效低，只有 50 ～ 220 lm/W，紫外线辐射比较大，启动时间比较长等。然而，瑕不掩瑜，氙灯仍不失为受欢迎的光源。

第五节　　金属卤化物灯

一、金属卤化物灯研发历程

金属卤化物灯（简称"金卤灯"）因灯泡中填充了金属卤化物而得名。金属卤化物灯的雏形可追溯到 1912 年，通用电气公司的施泰因梅茨（Charles Proteus Steinmetz）发现，在汞放电灯中加进各种金属碘化物时，放电电弧中就会产生这些金属的光谱。但是，当时的放电管温度不是很高，其光谱强度微弱。在 20 世纪 50 年代末期，西德的奥托·纽恩霍费尔（Otto Neunhoeffer）及保罗·舒尔茨（Paul Schultz）等人都进行了金属卤化物灯的研究；1960 年，美国通用电气公司的物理学家吉伯特·雷令（Gilbert Reiling）采用钠和铊研制成功金属卤化物灯，1961 年，吉伯特·雷令申请了第一个金属卤化物灯专利，1966 年授权。1961—1962 年美国电气工程师杜威·拉森（Dewey B. Larson）改进了金卤灯。1962 年美国通用电气公司推出实用的金卤灯， 1964 年在世界博览会上展出。此后，金属卤化物灯得到进一步研究和发展。研究发现，大约有 50 多种金属的卤化物可以用来做灯。一种灯可以只用一种金属卤化物，也可以用两种、三种甚至更多，这样就可以做出很多品种的灯。

二、金属卤化物灯的结构

金属卤化物灯由带电极的弧光管、外玻壳、灯座和镇流器组成。金属卤化物灯的结构与高压汞灯相似，但其电弧管比同功率的高压汞灯小。金卤灯有两种，一种是石英金卤灯，其电弧管泡壳是用石英做的，另一种则采用更耐高温的半透明氧化铝陶瓷管。

金卤灯按结构又可分为三类：

1. 带外玻壳的金卤灯

带外玻壳的金卤灯种类较多，其结构和高压汞灯相似。一些小功率（400 W 以下）的金属卤化物灯，为单端引出；功率 1 000 W 以上的金属卤化物灯，多采用双端引出的圆柱形玻壳。外形有管形和球形，如图 3-25 所示。

图 3-25 几种带外玻壳的金卤灯

2. 不带外玻壳的管形金卤灯

无外玻壳的管形金卤灯一般分为两种，一种带有接触式灯头（图 3-26），另一种不带灯头，以双端引出线形式与电路相接（图 3-27）。管形金卤灯，结构简单、体积小，这类灯加工简易，成本低，使用也方便。

接交流电源时，可以使用一个漏磁变压器，不用触发器；也可以使用镇流器和启动器。

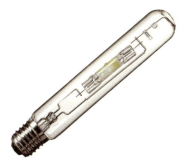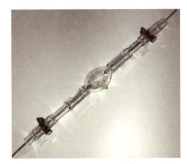

图 3-26 单端引出的管形金卤灯　　图 3-27 双端引出的管形金卤灯

3. 球形中、短弧金卤灯

根据电弧的长短不同，球形金卤灯还可分成中弧或短弧的灯，有单端或双端引出（图 3-28）。

金属卤化物灯的分类方法很多，按填充物不同可分为以下几类：

（1）钠铊铟类。具有线状光谱，在黄、绿、蓝区域分别有 3 个峰值。

（2）钪钠类。在整个可见光范围内具有近似连续的光谱。

（3）镝铥类。在整个可见光谱范围内具有间隔极窄的多条谱线，近似

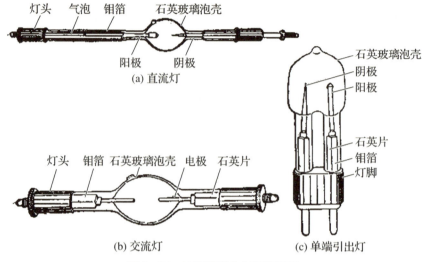

图3-28　几种球形金卤灯的外形

连续光谱。

（4）卤化锡类。具有连续的分子光谱。由于分子发光，光色彩比原子发的光更丰富，可以说是一种太阳灯，它的色彩比其他电光源都好。它还有发光稳定、闪烁小的优点。正因为如此，它是一种高质量的室内照明灯。

（5）碘化铝灯。放电时也是分子发光，显色性很好。这种灯有一种特性：改变灯管的温度，可以使灯的色温从 3 000 K 变到 6 000 K。

还有充填单一金属卤化物的灯，它能发射特定波长的光谱，即 535 nm 波长的光谱（绿色）。

三、金属卤化物灯的工作原理

金属卤化物灯是在高压汞灯和卤钨灯工作原理的基础上发展起来的。球形金属卤化物灯电弧管内充有汞、惰性气体和一种以上的金属卤化物。工作时，汞蒸发，电弧管内汞蒸气压达几个标准大气压，卤化物也从管壁上蒸发，扩散进入高温电弧柱内分解，金属原子被电离激发，辐射出特征谱线。当金属离子扩散返回管壁时，在靠近管壁的较冷区域中与卤原子相遇，并且重新结合生成卤化物分子。这种过程循环不断，这同前面讲的卤钨循环很相似。

金卤灯从触发到正常发光大致分为三阶段：

（1）电离阶段。金属卤化物灯内无灯丝，只有两个电极，直接加上工作电压不能点燃，必须先加高压使灯内气体电离。高压由专用触发器产生。

（2）着火阶段。灯泡触发后，电极的放电电压进一步加热电极，形成辉光放电，并为弧光放电创造条件。

（3）正常发光阶段。在辉光放电的作用下，电极温度越来越高，发射的电子数量越来越多，迅速过渡到弧光放电。随着温度进一步升高，灯的发光越来越强，直到正常。

四、　金卤灯的优缺点

金卤灯克服了荧光灯、高压汞灯、高压钠灯的缺点，它兼有这些灯的优点，主要有如下几点：高光效（65 ～ 140 lm/W），显色性好（Ra 为 65 ～ 95），色温高（可达 5 000 ～ 6 000 K，在同等亮度条件下，色温越高，人眼感觉越亮），结构紧凑，性能稳定等。金卤灯是一种接近日光色的节能新光源，广泛应用于体育场馆、展览中心、大型商场、工业厂房、街道广场、车站、码头等场所的室内照明。

金属卤化物灯主要有以下缺点：其一，金属卤化物灯的填充物中含汞，汞有毒，会对环境造成污染，对人的身体健康带来危害。其二，相对其他光源来说，金属卤化物灯的使用寿命要短一些，需要定期更换。另外，有的金属卤化物灯稳定性不好，有的启动困难，有的装置比较复杂，等等。还有一些技术问题有待解决。

总之，金属卤化物灯作为后起之秀，青出于蓝而胜于蓝，前途无量。将来会出现更多更好的新品种。

第六节　微波硫灯

在第二章第四节中已谈到无极灯，这里再介绍一种无极灯——微波硫灯。

研究表明，各类放电灯失效的主要原因都是电极劣化。在放电过程中，灯中的电极上会发生许多复杂的反应。同时，电极表面也会持续受到电子和离子的轰击。另外，当电极被加热后，放电管内的气体或杂质也可能会与电极发生反应。最终整个电极都将消耗殆尽。为了解决电极所导致的各种问题，照明专家研制出不需要电极的放电灯（无电极灯）。

微波硫灯（图 3-29）既是高压气体放电灯，又是无电极灯中的佼佼者，它利用的是 2 450 MHz 的微波来激发石英泡壳内的发光物质硫，使它产生可见光，用于照明。微波硫灯也称为微波等离子灯。微波硫灯技术最早出现在 20 世纪 90 年代，早在 1993 年美国劳伦斯伯克利国家实验室（LBL）的研究员就进行了低功率硫灯的研究尝试，但直到 1995 年以后微波硫

图 3-29　微波硫灯外形图

灯才开始商业应用。然而，在 100 多年前，汤姆孙和特斯拉等已发明了无极放电灯。

微波硫灯的工作原理和结构示意图分别如图 3-30 和图 3-31 所示，它主要包括 5 部分：电源控件——双变压器电路或变频电源；微波发生器——产生微波的磁控管[1]；微波传输部件——波导；微波谐振腔[2]——金属网罩；发光体——装有硫粉末和氩气的石英玻壳。

1　磁控管：磁控管是一种用来产生微波能的电真空器件，实质上是一个置于恒定磁场中的二极管。
2　微波谐振腔：谐振腔是微波谐振系统，一个封闭的金属导体空腔可以用来作微波谐振腔。实际使用的谐振腔要与外电路连接，即谐振腔必须有输入端口或有一个输入端口和一个输出端口，通过这些端口使谐振腔与外电路相耦合以进行能量交换。

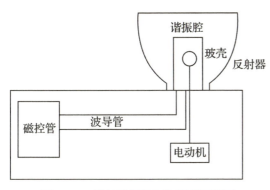

图 3-30 微波硫灯的工作原理示意图

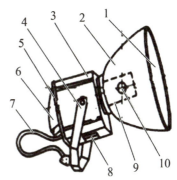

1—配光玻璃，2—反射器，3—灯箱，4—支承架，5—后盖板，6—进风罩，7—电源连接线，8—出风罩，9—金属网罩，10—石英球泡

图 3-31 微波硫灯的结构示意图

微波硫灯包含一个大约 30 mm 的石英球泡，球泡中含几毫克的硫粉末和氩气。球泡置于一个金属网的微波谐振腔中。一个磁控管发射 2.45 GHz 的微波，通过波导馈入谐振腔。微波能量激发气体达到 5 个标准大气压，使硫被加热到极高温度形成等离子发光，发出的大部分光可以穿过金属网向外辐射。由于微波硫灯工作时温度极高，所以，玻壳还需要在高速电动机带动下旋转，一是为了让等离子体分布更均匀，减少光闪，提高光照的均匀性；二是为了降低石英玻壳的温度防止爆裂。

微波等离子灯的工作原理是：灯刚点燃时，激发氩气放电而发蓝光。氩原子放电产生的热量和微波能量共同作用使固态硫粉蒸发，形成硫蒸气。微波能量激发硫蒸气放电，使其形成高温等离子体并连续发出白光，光团由小变大，逐渐弥漫至整个石英玻壳，直到放电稳定趋于平衡。

微波硫灯的优点是：完全不同于传统的光源，没有灯丝与电极，保证了更长寿命，降低了用户的维修、更换成本。不含汞与卤素，灯泡制造过程及报废处理对环境无污染，利于环保。发光效率高（100 lm/W），节约能源。光色好（色温 6 000 K 左右，显色指数 Ra 在 80 左右），接近太阳光连续光谱，光谱能量主要集中在可见光区域，紫外和红外辐射所占比例很小，真正的绿色照明，人眼感觉更舒服自然。可调光强，能在 20% ~ 100% 之间实现连续调光。启动较快，冷启动时间 20 秒左右。在整个寿命期间光量和光谱无明显变化。正是这些优点，微波硫灯引起人们极大兴趣，并使无极放电灯迅速崛起和发展。

微波硫灯的缺点是：制造成本较高。实际产品的光效不如金属卤化物灯高。微波硫灯由多种电气部件组成，其相互间匹配及部件寿命对可靠性影响很大。例如，尽管微波硫灯的放电管本身寿命可以做得很长（约 60 000 小时），但目前采用磁控管的微波发生器的寿命只有 15 000 小时，所以整体的寿命就不会很长。

微波硫灯的应用：微波硫灯的功率比较大，都在千瓦以上，主要适用于大范围室外照明和大面积室内照明。如室外的广场、运动场、高尔夫球场；造船厂、码头、作业工地、油田；火车站、机场、地铁、隧道；导弹发射基地，等等。又如室内的会议厅、体育馆、博物馆、大型车间、商场等。

1994 年，美国融合照明（Fusion Lighting）公司制成了一个基于功率为 3 100 W 微波硫灯的照明系统。灯内有一个直径为 28 mm 的石英球泡，工作时该石英泡内由 10 个标准大气压强的硫蒸气的分子辐射产生亮度非常强的白光，其光效为 120 lm/ W，色温为 6 500 K，显色指数为 86。

1996—1997 年，美国有两种规格的微波硫灯作商品出售，其功率为 1 000 W，可直接使用市电供电，发光效率为 95 lm／W，显色指数超过 80，色温 6 000 K，可调光，寿命达 60 000 小时。

在我国，复旦大学电光源研究所和上海真空电子器件公司经过几年联合研制，在 1998 年推出 VEC — 1000 微波硫灯产品，其技术指标接近国际同类产品水平。

微波硫灯的发展前景：如果微波硫灯能够在光色、体积、结构、价格各方面都有进步，就有可能成为 21 世纪推广实施绿色照明工程中最有前景的新光源之一。

第七节　中国电光源之父——蔡祖泉

　　蔡祖泉（1924—2009），浙江余杭人，自学成才的我国电光源领域的著名专家。

　　蔡祖泉自幼家庭很困难，他父亲死得早，他只上过三年小学，14岁就离家到上海独立谋生，经过许多人的帮助，才进了中法药厂，当了一名吹制针药小玻璃瓶的童工。

　　上海解放后，蔡祖泉迎来了命运的转机。1951年，在上海市的一次座谈会上，一位教授向陈毅市长递了张条子，认为蔡祖泉对玻璃真空有研究，应该调入大学工作。在陈毅市长关心下，工人出身的蔡祖泉调到上海交通大学，担任技术员。1952年院系调整时，他到了复旦大学，当了玻璃工，从事X光管的研发工作，并负责X光管的玻璃封接和对玻璃真空系统的维护，还制造一些实验器皿，直接为学校的实验教学和科学研究服务。

　　因为小时候只念过几年书，基础知识太少，他工作起来感到很困难。于是蔡祖泉决心自学科学文化知识。每天工作之余，他就专心读书，几年工夫，他就自学了初中和高中的数学、物理、化学。后来他又进修了高等数学和普通物理等课程，并学会了一门外语。自学中困难不少，但他的自制力很强，对自己要求非常严格，每一个公式和定理，不弄清楚决不罢休。遇到了难题，他就向有经验的老技工、教师请教。因此，他的进步很快，

图3-32　蔡祖泉/复旦大学

图3-33　蔡祖泉（中）与合作者研究新光源/复旦大学

只用了几年工夫，他学习并搞懂了《高真空技术》、《金属与玻璃焊接》等中外科技著作，掌握了丰富的电光源知识。可以说他一生的科研知识，全靠坚持不懈的自学和实践。

蔡祖泉是一位具有求真探索科学精神的人，决心将自己的一生奉献给电光源技术的科学事业和电光源人才的培养事业。

20 世纪 60 年代，自学成才的蔡祖泉创建了我国第一个电光源实验室，开始了该领域的系统研究。1961 年，蔡祖泉与同伴们初探我国科学的"空白领域"——电光源，着手研制国内的高压汞灯。同年，复旦大学电光源小组成立。1961 年 12 月，新中国第一盏自主研发的高压汞灯封接成功。

1964 年，在上海著名的南京路上，高压汞灯取代了老式路灯，让南京路的夜景焕然一新。同年，先进的碘钨灯在复旦大学电光源实验室研制成功。

20 世纪 50 年代末，被称为"人造小太阳"的氙灯刚在世界上出现，有点神秘，蔡祖泉在结构、工艺都没有现成资料的情况下，立志走自己的路，研制这种新型灯。以"明知山有虎，偏向虎山行"的气概，奋力攻坚。在研制过程中，经历了一次又一次的失败，蔡祖泉不灰心，不泄气，坚韧不拔，继续试制，经过艰苦努力，终于攻克了一个又一个难关，研制成功了高亮度的长弧氙灯。1965 年，这盏当时世界上功率最大的 100 kW "人造小太阳"在上海市人民广场开启亮灯仪式，观看者如潮，引起轰动。

此后他又相继研制成功多种新电光源，例如，脉冲氙灯、氢弧灯、氪光谱灯、超高压强氙灯、充碘石英钨丝灯、超高压强汞灯、节能荧光灯等30 余类照明新光源和仪器光源，使我国从 20 世纪 30 年代的钨丝灯时代进入了 60 年代的新型电光源时代，大大缩短了我国电光源研究水平与国际上的差距。他研制成功的多种电光源频频获国家科技奖。例如，"长弧氙灯""碘钨灯"分别获 1965 年国家科学发明二、三等奖，H 型荧光灯获国家科学技术进步三等奖。

艰苦奋斗，卓越成就，使蔡祖泉成了一名出色的电光源专家，他被人称为"中国的爱迪生""中国照明之父""中国电光源之父""我国新光源研究的第一开拓者"。他奠定了复旦大学电光源的基础与发展方向，毕其一生为中国电光源事业的发展贡献了光和热。

蔡祖泉致力于科学研究的同时，还从事学术论文和科学论著的写作，指导研究生的教学，并担任一些社会兼职和行政工作。他曾任上海市科委副主任、复旦大学副校长、电光源研究所所长等领导职务，为实现社会主义现代化，攀登新的科学高峰肩负起重任。

第八节　毕生执着追求光明事业的陈大华

陈大华（1943—2020），我国著名电光源专家。祖籍浙江宁波，他生长在普通工人家庭，小时候随父母来到上海。1960 年进入复旦大学物理系学习，1963 年，陈大华就读大四时，进入蔡祖泉创办的电光源实验室参加实验工作，1965 年从复旦大学电子物理专业毕业，留校任教，并开始他的电光源事业生涯。

陈大华参加研制的第一个电光源产品是高压汞灯。在蔡祖泉老师的带领下经过两年多奋力拼搏，我国独立自主的第一只高压汞灯终于研制成功，为我国以后发展高强度气体放电系列新光源吹响了进军的号角。

1965 年，在陈大华参与下，电光源实验室研制成功长弧氙灯，这灯 5 米长，直径较粗，功率达到 20 万瓦，超过当时国际上 10 万瓦的最大功率值。同年把它悬挂在上海人民广场上空，人民广场照亮得像是白天，它就像一个人造太阳一样，人们不知道它的专业名称，就取名为"小太阳"。

1966 年，在蔡祖泉的带领下，陈大华等人花了不到半年的时间就研制成功碘钨灯，这种灯很亮，只有铅笔那么大，可以说小巧玲珑又好用，提供给我国新闻和摄影单位使用，受到称赞。

为了满足电影放映需求，复旦大学电光源研究所开始研制电影新光源。陈大华等同志经过很长时间的反复实验，在 70 年代中期，先后研制出水冷短弧氙灯和风冷短弧氙灯两种电影和舞台新光源，而且经过不断的改良，技术也日渐提高，产品更加精良。

改革开放后，在蔡祖泉、陈大华等人的努力推动下，我国的光源产业走到一个逐步发展的阶段。比较客观地说，全国新光源的第一个样品几乎都出在复旦，无论是高压汞灯、碘钨灯、长弧氙灯、短弧氙灯，还是后来的高压钠灯、金属卤化物灯、紧凑型荧光灯、微波硫灯等，都是如此。这其中陈大华倾注了心血和汗水。

1998—2000年，陈大华带领的科研小组研制成功微波硫灯。这种灯是一种基于全新发光机理的高效和长寿命节能光源，具有无汞污染的优点，国际上20世纪90年代才涉及该领域，无疑是有发展前景的。在微波硫灯的基础上，他们又研制和开发了新颖微波金卤灯。

陈大华参与的多项科研项目，都获得复旦大学和国家的奖励，如"电影放映氙灯"（文化部嘉奖）、"脉冲氙灯在高速摄影中的应用"（国防科委二等奖）、电子镇流器测试仪（上海市科技进步三等奖和上海发明协会二等奖）。

进入21世纪，全球已进入半导体照明新时代，LED光源日趋成熟，OLED和激光光源曙光初现，陈大华高瞻远瞩，大力提倡对这些新光源的研究和开发，以利用它们逐步取代传统电光源。

图3-34 《英汉光源与照明词典》书影

蔡祖泉和陈大华等人认为，一花独放不是春，百花盛开春满园。偌大的中国，若只靠一个电光源研究室的力量是远远不够的。于是，为了在全国推广电光源技术与产品，1984年，复旦大学开设培训班，把基层光源科技人员请到复旦来，讲解电光源技术和理论，把复旦取得的关于电光源的研究成果和经验传授给他们，方便他们回去开展电光源的教学和研制工作。

陈大华参加第6届国际电光源科技研讨会回国后，立即投入会议论文翻译的策划和组织工作中，在他的主持下，出版了《第6届国际电光源科技研讨会译文集》。随后几年，他还相继主持了第7届、第8届国际电光源科技研讨会学术论文的翻译工作，为我国从事电光源科研的人员提供了宝贵的学习材料。

不仅如此，陈大华直到晚年，依然笔耕不辍，由他编著、翻译的专业科学著作20余本，总字数约800万，可以说是中国电光源界的"高产作家"。2008年，由他主编的《英汉光源与照明词典》出版，该词典一共收录了4万余词条，共90万字，在国内外电光源领域产生了较大的影响。

陈大华不仅是优秀的科研人员，也是一位学生喜欢的教师。他在复旦大学执教40多年，培养了一批又一批的本科生、硕士、博士研究生，他们毕业后走上了国内外电光源科研、生产第一线，成为攀登电光源领域高峰的生力军。

陈大华毕生执着追求光明事业，当记者采访时，他说："选择光源事业，人生无怨无悔。"陈大华教授一生从事电光源事业，是我国照明领域的知名专家，是我国电光源业界的泰斗，为我国照明科技事业的发展和进步做出了巨大贡献。

第四章

第四代照明电光源——LED 灯

电光源家族的代言人——白首翁又讲话了。这次要讲的是这个家族第四代照明电光源——LED灯，这种新型的电光源基于半导体产业，被称为"固体照明"，现在，LED的研究、开发和应用，已取得了举世瞩目的成就，引发人类照明史上的又一次革命。这种灯与半导体科技有何渊源？如何从半导体器件中脱颖而出？且听下文分解。

第一节　LED 诞生的时代背景

一、时代背景

若要问半导体产业是如何发展起来的，回答是：它的发展历程可以追溯到20世纪初，此时，半导体材料的研究逐渐兴起，科学家们开始研究如何利用半导体材料来控制电流的流动。1926 年，美国物理学家利林费尔德（Julius Edgar Lilienfeld，1882—1963）设计出了第一个半导体放大器，这标志着半导体器件技术的起步。

1947 年，美国贝尔实验室的威廉·肖克利（William Shockley）、约翰·巴丁（John Bardeen）、沃尔特·布拉顿（Walter Brattain）研制出一种点接触型的锗晶体管（图 4-1），三人因此在 1956 年共同获得诺贝尔物理学奖，其中，威廉·肖克利更被誉为"晶体管之父"（图 4-2）。20 世纪 60 年代，仙童公司开发了世界上第一款商用集成电路（IC）。这些都成为现代电子技术的基础。

图 4-1　锗晶体管发明者　　　图 4-2　威廉·肖克利

1945 年第二次世界大战结束后，人们回到正常生活中来，科学技术受到世界各国的重视，得以较快发展。半导体科技也不例外，在 20 世纪中后期开始快速发展，这是无数精英、耗费巨量的资金、经过漫长时间努力的结果。

20 世纪中后期，随着全球经济的持续发展，资源短缺和环境污染问题日益凸现。世界各国的节能环保意识逐步增强，节能减排、环境保护已经成为未来全球面临的重大问题。在照明领域，近年各种新型照明技术层出不穷，发光二极管（LED）应运而生，由于它具有发光效率高、节电效果好、体积小并且无污染、寿命长的特点，已成为目前照明市场上的主流产品之一。

二、LED 技术发展的历程

发光二极管（英文 light emitting diode，简写为 LED）诞生和发展走过漫长而曲折的道路，对这种新器件的研究曾经被一些人放弃过。从 1907 年半导体 PN 结发光理论的提出，到目前 LED 技术的无处不在，其间经历了整整一个世纪，可以说 LED 灯是人们一个世纪的期待，是无数的前辈科学家奋斗的结果。

1907 年，英国马可尼（Marconi）实验室的物理学家亨利·约瑟夫·朗德（Henry Joseph Round，1881—1966）在研究碳化硅晶体时发现，当电流通过碳化硅二极管时，会发出暗淡的黄色光。朗德发表了史上第一份半导体材料发光效应的报告，由此朗德想到碳化硅二极管可以作为新光源。但是这黄光实在是太弱了，无法实用，几年后，一无所获的朗德只好放弃了这项研究。尽管如此，这个发现奠定

图 4-3 亨利·约瑟夫·朗德

了发明 LED 的物理基础，半导体的奇妙之处在于它不仅能导电，还能发光或吸收光线的能量。

20 世纪 20 年代中期，苏联科学家奥列格·V. 洛谢夫（Oleg V. Losev，1903—1942）在研究半导体时，发现掺有杂质的 PN 结（整流二极管），通电后会有光发射出来，并记录了二极管发光的电流阈值和发光光谱。

洛谢夫曾在苏联几个无线电实验室中任技师，做出过许多重大发现，包括固态半导体放大器以及发生器，有 16 项专利授予。可惜这个天才 1942 年饿死于列宁格勒被德国法西斯封锁期，年仅 39 岁。更可悲的是，在当时战乱时期，他的名字连同他的发明几乎被人遗忘了。

20 世纪 20 年代后期，两位德国科学家卡登（Bemhard Cudden）和维查德（Rohert Wichard）又进行这项研究，他们使用黄磷。和碳化硅一样，黄磷发出暗淡的光。在花费了大量时间精力之后，因发光暗淡无法用于照明，

图 4-4 奥列格·V.洛谢夫　　　　图 4-5 卡登　　　　图 4-6 维查德

他们最终放弃了这项研究，可惜只走到发明 LED 的门槛前就止步了。

1955 年，美国无线电公司（Radio Corporation of America）33 岁的物理学家鲁宾·布朗石泰（Rubin Braunstein）首次发现了砷化镓（GaAs）及其他半导体合金的红外放射作用，并在物理上实现了二极管的发光，可惜发出的光不是可见光而是红外线。

1961 年，德州仪器公司（TI）的科学家詹姆斯·布莱德（James R. Biard）和加里·皮特曼（Gary Pittman）发现砷化镓在施加电子流时会释放红外线辐射。他们率先生产出了用于商业用途的红外 LED，并获得了砷化镓红外二极管的发明专利，这是最早的 LED 的专利（图 4-7）。

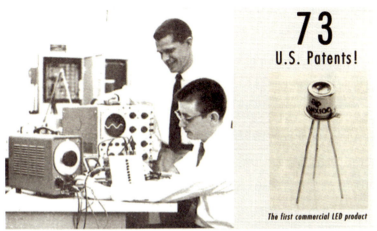

图 4-7 布莱德和皮特曼获得红外二极管的发明专利

随着科技的迅速发展，离研制成功实用发光二极管已不远了。曙光就在前面！

1962 年，美国通用电气公司（GE）一名 34 岁的普通研究人员尼克·何伦亚克发明了可以发出可见光红光的 LED。商用红光发光二极管，是采用镓、砷、磷三种元素组成的半导体材料制成的，因此又被称为三元素发光二极管。因为何伦亚克的发明后来得到了广泛的应用，所以一般称他为"发光二极管之父"。

尼克·何伦亚克何许人也？我们简单介绍一下。

尼克·何伦亚克（Nick Holonyak Jr.，1928—2022），1928 年 11 月 3 日出生，美国工程师，发明家。1954 年尼克·何伦亚克在美国伊利诺伊大学取得电机工程博士学位，1957 年开始进入美国通用电气公司（GE），一直工作到 1963 年。他在 1962 年发明了第一种可见光发光二极管（LED），从而掀起了人类照明史的又一次革命，因此被称为"LED 之父"。何伦亚克认为，发光二极管是一种很有发展前途的新型电光源，因此他断言未来的照明及显示领域将是发光二极管的天下。

GE 照明全球总部的玛丽·贝丝·戈蒂（Mary Beth Gotti）与何伦亚克访谈时说："他的好奇心和探究与创造的动力鼓励了一代又一代的学生，推动了无数的新创造的发生。"

除了 LED，他还发明了第一个发红光的半导体激光二极管，也就是 LD（laser diode）， 这种激光器目前仍然是 CD、DVD、激光打印机和复印机的关键部件。此外还有晶闸管。何伦亚克预测，未来的发光二极管将会发出其他波长的光，因此能呈现出多种不同的颜色来。

他的许多贡献获得了美国国家科学奖、美国国家技术奖。2002 年，他获得了由美国总统颁发的国家科技勋章，2004 年还获得 Lemelson 奖。何伦亚克一共持有 41 项专利。1963 年，他离开美国通用电气公司，出任其母校美国伊利诺伊大学电机工程系教授，去培养自己的接班人。

1972 年，何伦亚克的学生乔治·克劳福德（M. George Craford）踏着前辈们的脚步发明了橙黄光 LED，其亮度是先前红光 LED 的 10 倍，这标志

图 4-8　尼克·何伦亚克发明红色 LED

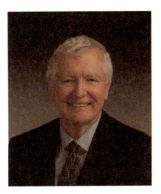

图 4-9　乔治·克劳福德发明黄色 LED

着 LED 发光效率有了很大提高，科学家在提高发光效率方向上迈出了第一步。

　　20 世纪 70 年代末期，已造出发红、橙、黄、绿、翠绿等颜色的 LED（图 4-10），但是，依然没有蓝色和白色光的 LED。众所周知，白色光不是单色光，而是由红、橙、黄、绿、蓝、靛、紫等多种单色光合成的复合光。如果要使 LED 发出白光来，至少需要两种单色光的混合，即通过二波长发光（蓝色光＋黄色光）或三波长发光（蓝色光＋绿色光＋红色光）的方式才能得到白色光。这两种方式都需要蓝光的参与，也就是说只有发明出蓝光 LED 才可能实现白色光 LED，所以研制发蓝光的发光二极管具有十分重要的意义，吸引当时世界上许多科学家都来攻关这个难题，正所谓"引无数英雄竞折腰"。

　　当然也有另外一些科技人员则转向提高 LED 的发光效率上。20 世纪 70 年代中期，LED 发光效率为 1 lm/W，到了 20 世纪 80 年代中期第一代高亮度红、黄、绿色光 LED 诞生，发光效率已达到 10 lm/W。

图 4-10　红、橙、黄、绿色的 LED

1993 年奇迹出现了，在日本日亚化工（Nichia Corporation）工作的、39 岁的中村修二终于发明了蓝光 LED。这种基于氮化镓和铟氮化镓的 LED，具有商业应用价值，凭借此项发明，中村修二获得了 2014 年诺贝尔物理学奖。后来，有人在蓝光 LED 的基础上加入黄色荧光粉，就可以得到白色光 LED。蓝色和白色光 LED 的出现拓宽了 LED 的应用领域，使全彩色 LED 显示、LED 照明等应用成为可能。

中村修二（Shuji Nakamura，1954—　），日裔美籍电子工程学家，1954 年 5 月 22 日出生于日本爱媛县伊方町，毕业于日本德岛大学。他动手能力非常强：上午调仪器，下午做实验；自学能力也非常强：中村对物理学具有深刻的理解，但他完全是靠自学而来的。

1979 年，中村修二加入日本日亚化学工业株式会社（NICHIA）。在日亚化工工作期间，于 1993 年发明了高亮度蓝色 LED，从而广为人知。当时，开发一种蓝色 LED 被认为是不可能的，此前的 20 年间只有红色和绿色 LED。1995 年，他还开发了第 III 族氮化物基紫色激光二极管。

除获得 2014 年的诺贝尔物理学奖外，中村修二还曾获得多项殊荣，包括：仁科纪念奖（1996 年），本杰明·富兰克林奖章（2002 年），千年科技奖（2006 年），哈维奖（2009 年），以及技术与工程艾美奖（2012 年）。

2000 年以来，中村修二任美国加利福尼亚大学圣塔芭芭拉分校工程学院材料系教授，兼固态照明与能源中心的研究总监。在固态照明领域他持有100 多项专利。中村教授

图 4-11　发明实用化蓝光 LED 的中村修二

曾多次访华，并受聘为中国多所大学的名誉教授。

说起中村修二发明高亮度蓝色 LED，还是很不容易的。正所谓"看似寻常最奇崛，成如容易却艰辛"（宋朝王安石诗句），他不仅在实验过程中发生过几次爆炸，相当危险，而且他在日亚化工也不受重视。可以说中村的发明没有得到日亚公司的有力支持。当时业内普遍的方向是用氧化锌和硒化锌材料，而中村用的是氮化镓技术，但是这个技术的效率太低，所以他的研究不被公司看好。后来又因为日亚抢注了他的专利，并限制中村从事蓝光二极管的研究，中村一气之下，远赴美国。

1989 年，中村修二另辟蹊径，要走一条别人没有走过的道路。他在没有实验员和助手的情况下，采用独特的工艺技术路线，经过短短 4 年的时间就解决了蓝光二极管研究领域的材料制备工艺难题。

在 80 年代后期，氮化镓外延生长和 P 型掺杂有了重大关键突破，在此基础上，美国波士顿大学的电子与电脑工程教授西奥多·穆斯塔什（Theodore Moustakas）于 1991 年使用新的两步法生产"氮化镓薄膜"，可以用来制造全固态蓝色激光器，并申请了专利。

1993 年，中村修二使用类似的氮化镓生长工艺制作出高亮度蓝光 LED。虽然穆斯塔什发明了生产"氮化镓薄膜"的方法，但首先提出并成功制造蓝光 LED 的人是中村修二。中村在氮化镓（GaN）基片上研制出第一只蓝色发光二极管，由此引发了对 GaN 基 LED 研究和开发的热潮。有人把氮化镓称作 21 世纪的"魔法石"，用其开发的蓝光二极管在 21 世纪的显示和照明领域扮演极其重要的角色。中村修二的探索经历，正印证了那句名言："没有播种，何来收获；没有辛苦，何来成功；没有挫折，何来辉煌；没有磨难，何来荣耀。"

幸好，名古屋大学的赤崎勇和天野浩师徒二人同样从事氮化镓这个方向的研究，技术的突破首先从被称为"氮化物之父"的赤崎勇教授开始，他在低温下生长出了氮化铝缓冲层，而后在高温下生长氮化镓。中村修二在 1991 年用低温生长出了非结晶氮化镓缓冲层，再以高温成长为氮化镓结晶。他们几乎是在同一时段进行实验并最终取得成果，而且赤崎勇他们和中村修二互相帮助共同提高。事后天野浩回忆说，当时蓝色LED的研发有三大难点：一是不能形成高品质的氮化镓结晶，二是不能制成氮化镓的P型结，三是制造不出高照度的氮化镓铟晶体。这些难点都一一被他们和中村攻克了，又成功做出了P型结，才造出明亮的蓝色发光二极管。

2014年，赤崎勇、天野浩和中村修二因发明"高效蓝色发光二极管"而获得2014年诺贝尔物理学奖。颁奖词写道："蓝光LED的出现使得我们可以用全新的方式创造白光。随着LED灯的诞生，我们有了更加持久、更加高效的新技术来替代古老的光源。"颁奖词中还写有："白炽灯照亮20世纪，而LED灯将照亮21世纪。"从上所述可见，从红色可见光LED发明到中村的发明，科技工作者寻找合适的材料和适合商品化生产的方法，整整用了长达三十年的时间，这也是把诺贝尔奖颁发给中村修二以及赤崎勇师徒的原因之一。

1996年，日本日亚化学公司与中村修二成功开发白色LED，他们是用蓝光LED管芯加黄光钇铝石榴石（YAG）荧光粉实现白光LED的。

1997年，比尔·施洛特（Bill Schlotter）等人和中村等人先后发明了用蓝光LED管芯加黄光YAG荧光粉实现白光LED。2001年卡夫曼（Kafmann）等人用UV LED激发三基色荧光粉得到白光LED。

图4-12　2014年诺贝尔物理学奖获得者（左起）赤崎勇、天野浩和中村修二

综上所述，20 世纪 90 年代末，随着半导体材料氮化镓材料研究实现突破，绿光、蓝光 LED 光源相继问世，紧接着科技人员研制出通过蓝光激发 YAG 荧光粉产生白光的 LED 灯。随着技术的不断进步，进入 21 世纪后白光 LED 的发展非常迅速，白光 LED 节能灯的发光效率提高得越来越快，达到 110 lm/W，大大超过白炽灯，向荧光灯逼近，而且光效还在不断提高，白光 LED 真正进入普通照明领域。

近年来，在提高 LED 光效方面，世界上一些大的照明公司不断前进，颇有成绩。2011 年，欧司朗公司研发工程师通过全面改进与 LED 制造相关的技术，在实验室测试中，新研发的白光 LED 刷新了该公司亮度和发光效率的纪录。在工作电流为 350 mA 的标准条件下，LED 亮度最高可以达到 155 lm，而发光效率更是高达 136 lm/W。2012 年，美国科锐公司（Cree, Inc.）宣布其白光 LED 光效突破 254 lm/W，在色温 4 408 K、标准测试室温及 350 mA 下，测得白光 LED 光效达 254 lm/W。

目前 LED 的各项指标仍在不断发展中，随着应用领域的拓宽，市场对 LED 灯珠的要求也逐渐多样化。同时，技术的进步也不再单独体现在参数指标上，在成本控制上也在逐年改善。

随着科技的进步，LED 的材料技术、芯片尺寸和外形工艺的进一步发展使商用化 LED 灯的光通量提高了几十倍。曾经微弱发光的 LED，现在正大放异彩，LED 技术在世界各地迅速普及和应用。如今，LED 已成为广泛使用的照明和显示技术，迅速得到世界各地的青睐，半导体引入照明领域取得重大突破，掀起了新的照明革命，半导体照明成了新的产业方向。

特别值得提出的是 2018 年 10 月 13 日，中国科学院院士黄维和该校王建浦教授团队将钙钛矿发光二极管外量子效率提高到 20.7%，较国际同行提升近一半，成果在国际学术刊物《自然》正刊发表。

事实证明：大胆想象、刻苦钻研和辛勤劳动将为科学技术发展带来美好的未来，也将使未来的灯更加光辉灿烂。

纵观过去的一个世纪，LED 发展走过了曲折不平的道路，正像马克思说的："在科学上没有平坦的大道，只有不畏荆棘沿着陡峭的山路攀登的人，才有希望达到光辉的顶点。"当我们用上明亮、省电又长寿的 LED 灯的时候，请别忘记前辈们的卓越贡献。

<h1 style="text-align:center">第二节　LED 的原理与结构</h1>

一、发光二极管的原理

发光二极管（LED），是一种能够将电能转化为可见光的固态的半导体器件，它没有灯丝，可以直接把电转化为光，它的发光机制与白炽灯和气体放电灯迥然不同。LED 的心脏是一个半导体的晶片。半导体晶片由两部分组成，一端是 P 型半导体，在它里面空穴占主导地位，另一端是 N 型半导体，在这边主要是电子。但这两种半导体连接起来的时候，它们之间就形成一个 P-N 结，有单向导电性。加上正向电压后，从 P 区注入到 N 区的空穴与 N 区的电子复合，由 N 区注入到 P 区的电子与 P 区的空穴复合，复合时过剩的能量将以光的形式辐射出来，这就是 LED 灯发光的原理（图 4-13）。

LED 灯发光的波长也就是光的颜色，是由形成 P-N 结的材料决定的。用不同的半导体材料，LED 可以直接发出红、黄、蓝、绿、青、橙、紫色的光。而如何获得白光 LED 灯呢？

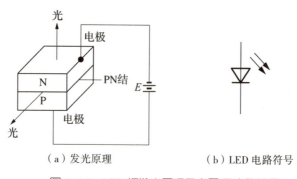

（a）发光原理　　　　　（b）LED 电路符号

图 4-13　LED 灯发光原理示意图 及电路符号

最简单的就是利用三原色方式。所谓三原色方式，就是把红、绿、蓝三种颜色的芯片封装在一起，能够发出白色的光。以前，红绿蓝 LED 发出的混色光非常不稳定，而高功率 LED 驱动器成功解决了这一技术难题。最近高功率的红绿蓝 LED，使得白色光和彩色光都非常稳定、柔和。

另外一种方式是由氮化镓（GaN）芯片和钇铝石榴石（YAG）荧光粉封装在一起构成特殊芯片，它能发出白光，因氮化镓芯片发出蓝光后，一部分蓝光将 YAG 荧光粉激发，使其发出黄色光，另一部分蓝光与荧光粉发出的黄光混合，从而得到白光，如图 4-14 所示。这种方式可以通过改变荧光粉的化学组成和厚度，来获得不同类型的白光。这种通过蓝光芯片得到白光 LED 的方法，构造简单、成本低廉、技术成熟度高，因此运用最多。

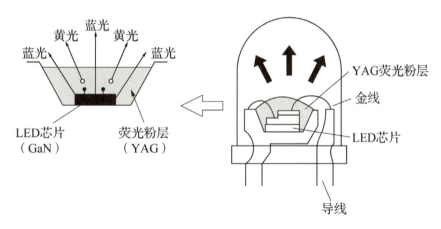

图 4-14　白光 LED 发光原理

二、发光二极管的结构

普通发光二极管的基本结构是：一块 LED 芯片用银胶或白胶固化到支架上，然后用银线或金线连接芯片和电路板，四周用透明环氧树脂密封，起到保护内部芯线的作用，如图 4-15 所示。封装后的外形为圆柱状，类似炮弹，因此被称为炮弹型 LED。发光二极管的引线有正负极之分，一般炮弹型的正极稍长。安装时正、负两极不能接错，否则，不但灯不亮，而且还会损坏 LED。

制作发光二极管的材料很多，主要有直接带（直接跃迁）材料 GaAs、GaN 和 ZnSe，间接带（间接跃迁）材料 GaP，以及利用直接带材料 GaAs 与间接材料 GaP 生长的混晶 $GaAs_{1-x}$-P_x。因此，制成的发光二极管种类很多，可分成发不可见光和发可见光两种。前者有发红外光的砷化镓（GaAs）发光二极管等；后者有发红光的磷砷化镓（GaAsP）、砷铝镓（GaAlAs）、磷化镓（GaP）发光二极管，发黄光的碳化硅（SiC）发光二极管，发绿光的磷化镓、砷化镓发光二极管，以及发蓝光的氮化镓（GaN）和发紫光的发光二极管，等等。

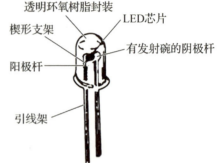

图 4-15　发光二极管（LED）的结构
（引自张泽奎，任婷婷主编《LED 封装检测与应用》）

三、发光二极管的特性

LED 的特性主要包括电特性、光特性、电光转换特性、耦合特性、温度特性、可靠性等。

LED 的电特性是指其电压 – 电流之间的关系，称为伏安特性。

发光二极管和普通晶体二极管一样，也是由 PN 结组成，所以它也有单向导电性。图 4-16 是发光二极管的伏安特性曲线。图中 $O \sim a$ 段，当外加正向电压小于 0.9 ~ 1.1 V 时，二极管不导通，称为正向死区；在 $a \sim b$ 段，外加电压超过 0.9 ~ 1.1 V，二极管导通，空穴与电子大量复合而发光，称正向工作区。流过 PN 结电流越大，空穴和电子的复合就越多，发光二极管就越亮。在反向区内，$O \sim c$ 段称为反向死区，c 点以左为反向击穿区。发光二极管的反向击穿电压较低，一般为 –6 V，最高不超过 –10 V。为了安全起见，在发光二极管电路中应考虑保护措施。

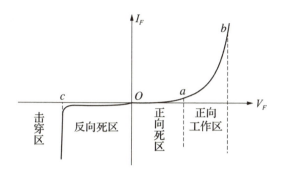

图 4-16　发光二极管的伏安特性曲线

LED 光特性主要包括光通量和发光效率、光强和光强分布特性以及光谱特性等。LED 光谱特性（图 4-17）是指发光强度、峰值发射波长、光谱辐射带宽和光谱功率分布等，峰值波长直接决定着发光二极管的发光颜色。对于 LED 使用者和光源设计者来说，关注的光特性是光谱特性，了解 LED 光谱特性的目的是针对不同的 LED 光谱特性，正确选择和使用 LED。

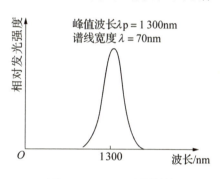

图 4-17　LED 光谱特性

发光二极管的温度特性是指发光二极管的微观参量与宏观特性随温度的变化。例如，当电流流过 LED 器件时，PN 结的温度将上升，PN 结区的温度定义为 LED 结温。当 LED 的结温升高时，器件的光输出将逐渐减少（图 4-18）；反之，光输出增大。结温升高导致器件发光波长变长，颜色发生红移。又如，发光二极管的功耗与电流、电压在常温以下，其最大允许功耗和最大允许电流均为常数；当环境温度超过常温时，则都随温度的升高

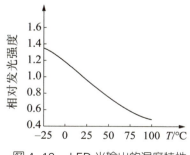

图 4-18　LED 光输出的温度特性

而降低。正向饱和压降会随温度的升高略微下降。因此，在高于常温条件下工作时，应适当降低参数定额使用，以保证器件稳定可靠地工作。

由发光二极管的特性可知，在实际使用中着重于提高系统光效，提高光通量维持率，增加可靠性，而这些特性改善的关键是 LED 的散热问题。

第三节　LED 的用途

"天生我材必有用"，唐·李白如是说，人造的发光二极管也是大有用处的。发光二极管作为一种新颖的固体光源，具有节能、环保、寿命长、启动时间短、结构牢固和可靠性高等优点，其应用十分广泛，不仅可以用作指示、显示和信号光源，而且作为 21 世纪的绿色照明产品，可以取代白炽灯、荧光灯、钠灯等用于一般照明。LED 将会成为一种节能环保产品，节约电力资源，提高人们的生活质量。可以预见，LED 在当今智能照明、智慧城市和农业照明进展中，将起到举足轻重的作用。此外，近年来发光二极管在光通信、装饰、背光源应用方面也取得了突破性发展。

在我国，21 世纪初 LED 初露锋芒，曾应用于 2008 年北京奥运会、2010 年上海世博会和 2010 年广州亚运会的场馆照明和信息显示，其无与伦比的色彩和照明效果对 LED 的推广应用起到了最好的宣传作用。

一、LED 的应用阶段

回顾历史，LED 的应用主要经历了以下三个阶段。

（1）指示应用阶段（20 世纪 80 年代前）：20 纪 70 年代中期，磷化镓（GaP）被用作发光光源材料，并引入元素铟（In）和氮（N），使 LED 产生绿光（$\lambda = 555nm$），黄光（$\lambda = 590nm$）和橙光（$\lambda = 610nm$），光效也提高到 1 lm/W。这一时期的 LED 开始应用于文字点阵显示器、背景图案用的灯栅和条纹图阵列，但主要应用还是电子产品的指示灯。

（2）显示应用阶段（20世纪80年代）：20世纪80年代早期到中期，人们开始用AlGaAs（铝镓砷）材料制造LED，使红光LED光效达到10 lm/W的量级，LED开始应用于室外运动信息发布系统、条形码系统、光电传导系统和医疗器件等领域。20世纪80年代后期，人们开始用AlInGaP（铝铟镓磷）材料制造出橙黄、黄色、绿色和红色等LED，并且用于室外显示，以及交通信号灯和汽车信号灯等领域。

（3）全彩应用及普通照明阶段（20世纪90年代及以后）：1996年，第一只白光LED横空出世，随后几年内，白光LED得到了迅速的发展，光效不断提高。2006年有报道白光LED光效达130 lm/W，LED由此进入普通照明时代，白光LED要大显身手了。

二、 LED的应用领域

1. 简单指示光源

发光二极管最常见和最简单的应用是作为各种简单指示光源。

从前，钨丝白炽灯曾广泛地作为指示灯使用。用发光二极管替代钨丝白炽灯的最大优点是：牢固，寿命长，可靠性极高。尤其寿命长，对某些要求可靠性高的应用场合，是很大的优点。一般发光二极管的寿命为十万小时，这比白炽灯的约一万小时的寿命要长得多。此外，发光二极管的体积小，可在低电压下工作，响应速度极快，也是它受欢迎的原因。发光二极管作为指示光源有广泛的应用，它很适于作为各种仪器和家用电器的信号灯和工作状态指示灯。特别是在汽车、火车和飞机等要求高可靠性的地方，发光二极管是不可或缺的。

在日常生活中，发光二极管作指示光源的典型应用实例如按钮式电话机。用按钮式电话机通话时，为了知道哪个按钮处于"接通"状态，就必须将指示灯固定在按钮上。以往用白炽小灯泡作为指示灯，只是小灯泡一项就需要400 mW的功率。如果采用低功耗的发光二极管和硅集成电路技

图 4-19　简单指示灯

术，则逻辑功能和电源可集中于总
机室内，每台电话机只要有按钮、
集成电路和供显示用的发光二极管
就够了，这样，供电电压低了，电
流小了，寿命长了，体积也缩小
了。

2. 发光二极管显示

图 4-20　按钮式电话机

　　发光二极管（LED）显示屏是一种平板显示器，LED 显示屏一般用来
显示文字、图像、视频、录像信号等各种信息。不同的半导体材料可以制
备出不同发光颜色的 LED：磷砷化镓二极管发红光、磷化镓二极管发绿光、
碳化硅二极管发黄光、铟镓氮二极管发蓝光。磷砷化镓红色发光二极管的
效率最高，很适于制作比较大型的数字显示器件。目前应用最广的 LED 是
氮化镓蓝光激发荧光粉产生的白光 LED，常在电路及仪器中作为指示灯或
者组成文字或数字显示。

　　LED 的发光颜色和发光效率与制作 LED 的材料和工艺有关，LED 工作
电压低（仅 1.2 ～ 4.0V），能主动发光，有高亮度，亮度能用电压（或电
流）调节，耐冲击，抗震动，寿命长（10 万小时），所以在大型的显示设
备特别是户外的大屏显示中尚无其他的显示与之匹敌。

在 LED 显示屏中，按照显示颜色的多少分为单色屏、多色屏与彩色屏三种。一般将红、绿、蓝三种 LED 晶片或灯管放在一起作为一个像素的显示屏称为三基色屏或全彩屏。LED 屏因为像素尺寸大、亮度高，原来主要应用于远距离观看的户外大屏显示。近年来随着 LED 发光效率的提高以及亮度控制技术的发展，像素尺寸快速减小，因此也逐步进入室内的显示应用。室内 LED 屏的像素尺寸一般是 1.5 ~ 12 mm，常常把几种能产生不同基色的 LED 管芯封装成一体；室外 LED 屏的像素尺寸多为 6 ~ 41.5 mm，每个像素由若干个各种单色 LED 组成。

采用发光二极管的数字显示器件，其显示方式分为分段式和点阵式两种：分段式显示器件如图 4-21（a）所示，设置几段（通常是七段）发光区使之选择发光即可表示从 0 到 9 之间的任何一个数字。点阵式显示器件如图 4-21（b）所示，把发光点排列成矩阵，并使矩阵中适当的点发光即可显示出各种数字。

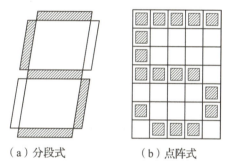

（a）分段式 （b）点阵式

图 4-21 数字显示方式

LED 应用于各种显示屏：例如，大屏幕全彩显示屏广泛应用在车站、银行、证券、医院、体育场馆、市政广场、演唱会、机场等场所，室内室外皆可。

再如，小屏幕显示屏，现在许多笔记本电脑、数码照相机、彩屏手机等需要传递图文信息的产品，都已应用白光 LED 作为液晶面板背光源，以

图 4-22 LED 单色显示屏

图 4-23　户外 LED 大屏幕显示屏

提高产品的档次，减少耗电。

　　此外，发光二极管显示一项重要的应用是交通信号灯：全国各大、中城市的市内交通信号灯，高速公路、铁路和机场信号灯，都普遍采用 LED（图 4-24）。

　　基于 LED 显示，目前 LED 电视机已面世。

3. 发光二极管照明

　　人们对发光二极管照明充满期待。作为照明，人们希望发光二极管至少满足两点：一是发白光；二是足够亮（光效大于或等于 100 lm/W）。1996 年白光 LED 研发成功使这种期望不再渺茫。进入 21 世纪后，LED 光效不断提高，达 110 lm/W，

图 4-24　LED 交通信号灯

LED 真正进入白光普通照明领域，LED 照明应用才成为可能，并被公认为最具潜能的照明产品。

　　到了 21 世纪 10 年代，LED 的发光光效最高为 165 lm/W，大功率 LED

可以做成 LED 路灯、LED 投光灯、LED 洗墙灯、LED 地埋灯、LED 水底灯、LED 草坪灯、LED 点光源等室外灯具；中小功率 LED 能做成 LED 灯泡、LED 灯杯（LED 射灯）、LED 灯管（LED 荧光灯）、LED 天花板灯、LED 筒灯、LED 壁灯等室内灯具。随着 LED 技术的发展，LED 照明光源将替代传统光源，成为新一代真正意义上节能环保的产品。

LED 照明主要应用领域如下：

（1）室内通用照明：人类的生活离不开照明。随着 LED 灯光效的提高和成本的下降，目前市场上各种各样的 LED 照明灯泡及灯具应运而生，如 LED 射灯、PAR 灯、LED 球泡灯、LED 筒灯、LED 荧光灯、LED 面板灯，以及便携式照明灯（手电筒、头灯）等，图 4-25 为几种 LED 灯外形。LED 照明进入居室后，产生了更加显著的节能效果。LED 在价格方面的优势亦逐渐明显。随着 LED 技术的不断进步，其性价比将会有大幅度的提升。

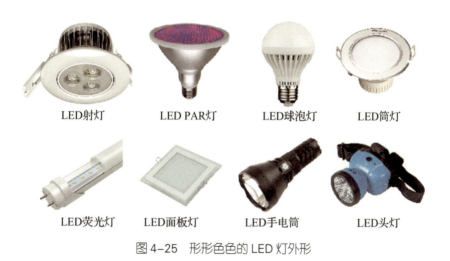

| LED 射灯 | LED PAR灯 | LED 球泡灯 | LED 筒灯 |

| LED 荧光灯 | LED 面板灯 | LED 手电筒 | LED 头灯 |

图 4-25　形形色色的 LED 灯外形

（2）路灯照明：装设路灯，给道路路面以所需的光照度，不仅可以方便行人，保障车辆的安全，而且可以美化市容。现在，LED 路灯发展迅速，国家也有相应的政策支持。LED 光源路灯与传统光源路灯相比，有节约能源、寿命长、维护成本低、安装方便等优势，所以受到行人与路政部门的青睐（图 4-26）。

图 4-26　路灯　　　　　　　　图 4-27　汽车照明灯

（3）汽车照明：由于 LED 灯体积小、省电、抗震等特点，所以在车灯照明领域有很好的市场。目前，汽车内广泛使用 LED 灯，从车内的仪表盘、指示灯、照明灯，到车外的尾灯、转向灯等。由于汽车前灯的技术要求较高，目前国内还未得到广泛的实际应用。

（4）景观照明：景观照明要求既要有照明功能，又兼有艺术装饰和美化环境的功能。城市景观照明追求的不仅是亮度，而且还有艺术的创意设计。在城镇化发展的建设过程中，LED 对美化市容、提高人们生活水平发挥重要的作用。

目前在城市夜景照明工程中常用的 LED 光源有：线性发光灯具、装饰灯、水下灯和地面灯。所谓线性发光灯具是指 LED 地埋灯、灯条、灯带、幕墙灯（洗墙灯）等（图 4-28），它们产生的轮廓照明效果可替代传统的

（a）LED灯带　　　（b）LED灯条　　　（c）LED地埋灯　　　（d）洗墙灯

图 4-28　各种 LED 景观照明灯

霓虹灯、彩色荧光灯。例如洗墙灯，可以用来勾勒大型建筑的轮廓，产生让光线像水一样冲洗墙面的装饰效果。LED 洗墙灯因其节能、光效高、色彩丰富、寿命长而被广泛应用。

（5）农业照明：目前 LED 在农业领域的应用主要集中在植物生长灯、诱鱼灯、选择性害虫诱捕灯、畜禽养殖灯等产品上。LED 在农业领域的应用是 LED 照明市场上一个非常重要的组成部分，也是 LED 照明应用的一个主要发展趋势（图 4-29）。

图 4-29　LED 农业照明

（6）其他照明：LED 还用于安全照明，例如矿灯（图 4-30）、防爆灯、应急灯、安全指示灯；医用照明，例如手术灯（无热辐射）（图 4-31）、医用治疗灯；以及特种照明（军用照明灯），等等，这里不再详述。

总之，LED 基于各方面的优势，它的应用将在更深更广的范围全面展开，使它拥有灿烂的未来，前景一片光明。LED 取代白炽灯、日光灯等传统光源将成为必然的趋势，它将会是照明市场上的主导产品。LED 光源在

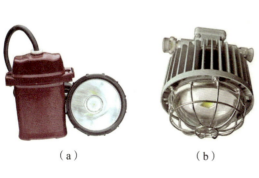

（a）　　　　　　（b）

图 4-30　锂电池 LED 矿灯（a）及矿用防爆灯（b）

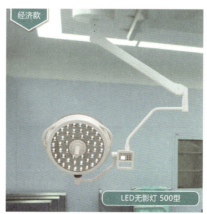

图 4-31　LED 手术无影灯

提升照明质量和效率的同时，能够节约能源，改善环境污染，有利于国计民生的和谐发展。

第四节　LED 照明的主要优缺点

一、LED 照明的主要优点

LED 光源被誉为照明之星，有其他光源不可比拟的优势，其优点不胜枚举，LED 照明的优点主要体现在以下几个方面：

（1）体积小，重量轻：LED 基本上是一块很小（2 ~ 3 mm）的晶片被封装在环氧树脂里面，所以它的体形非常小，非常轻，可以做成各种形状，灯具可以做得非常时尚。

（2）发光效率高：目前投入实用的 LED 的发光效率已达 60 ~ 80 lm/W，实验室水平已达 208 lm/W 左右，根据理论研究可达 350 lm/W。

（3）寿命长：在恰当的电流和电压下，LED 灯的使用寿命可达 10 万小时。这是其他类型的显示器件和照明器具无法比拟的。

（4）结构牢固：LED 是用环氧树脂封装的固态电光源，其结构中不包含玻璃、灯丝等易损坏的部件，不需要像白炽灯或者荧光灯那样将灯管内抽成真空或充入特定气体，因此 LED 的抗震、抗冲击性能好。

（5）响应非常快：LED 的响应时间在微秒级，在任何使用情况下可以实现瞬时启动，不像荧光灯和气体放电灯需要预热，LED 可实现短时启动和重复启动，在应急照明中可最快恢复安全照明。

（6）色温色彩可调：LED 不仅单色性好，而且可多色发光，色彩鲜艳丰富，易于实现色彩、色温的控制。多种 LED 灯色温可选，显色指数高，显色性好。改变电流可使 LED 变色，如小电流时为红色的 LED，随着电流的增加，可以依次变为橙色、黄色、绿色。

（7）节能：LED 灯耗电非常低，一般来说 LED 的工作电压是 2 ～ 3.6 V，工作电流是 0.02 ～ 0.03 A。这就是说：它的耗电功率不超过 0.1 W，LED 灯比传统白炽灯节电 80% 以上。

（8）环保：LED 灯是由无毒的材料制成，不像荧光灯含水银会造成污染，同时 LED 也可以回收再利用，而且无紫外线辐射。看来 LED 灯最大的优点可能就是节能环保，现在国家越来越重视照明节能及环保问题，所以，已经在大力推行使用 LED 灯了。耗电低、省钱也是 LED 受到商家与用户青睐的原因。

（9）安全可靠：LED 灯使用低压直流电源驱动，一般只有几伏，安全性能好，而且易于实现对光的辐射方向和发光面积的精确控制。

（10）适用性强：LED 芯片的体积很小，可以制备成各种形状的器件，并且适用于易变的环境。

（11）智能照明：由于 LED 可调光，可实现同一光源不同照明的控制，LED 在当今智能照明、智慧城市的进展中，将起到重要的作用。

二、LED 照明的主要缺点

话又说回来，LED 灯作为诞生不久的新生事物，难免有缺点和不足之处，这些有待在 LED 的技术与工艺的发展中不断改进和完善，广大照明科技人员责无旁贷！

（1）发光效率受温度影响大。LED 的发光效率随温度升高而下降，一般情况下，芯片温度超过 120 ℃时 LED 将失效。LED 工作时芯片结点产生的热量大，温度高，功率越大产生的热量越大。若散热问题解决不好，LED 工作时芯片结点温升会很高，过高的结温（PN 结的温度）不但会使 LED 工作寿命急剧减少，还会影响 LED 的颜色、光效等参数。故在灯具总成设计和制造工艺设计时，一定要考虑散热问题。

（2）平均照度较差：由于 LED 芯片发出的光方向性强，发散性不好，平均照度不太好，规模较大的商场、写字楼应用起来比较困难。

（3）成本较高：目前 LED 芯片的主要材料是镓（Ga），这种金属原材料稀少，因此 LED 灯的生产成本高，初期购买价格较贵，一时还降不下来。

（4）目前 LED 灯不尽如人意的地方是光色不太柔和，有刺目的感觉，LED 发出的光线中蓝色的成分多，红色成分少，不如白炽灯、荧光灯发出的光线柔和。

（5）光电转换效率有待进一步提高：LED 工作时 70% ~ 80% 的电能转换成热，仅有 20% ~ 30% 的电能转换为光。

（6）LED 灯的实际使用寿命与其芯片的质量和封装技术、工艺直接相关。LED 的使用寿命，一般认为在理想状态下有 10 万小时。但在实际使用过程中，其光强会随使用时间的推移逐渐衰减，即电能转化为光能的效率逐渐降低。

以上这些问题有待今后认真研究，切实加以解决，使 LED 真正成为革命性的新光源。

第五节　有机发光二极管（OLED）

俗话说，"长江后浪推前浪，世上新人换旧人"，我们改为"世上新灯换旧灯"。现在科技发展突飞猛进，照明电光源也是日新月异。您看，电光源家族又杀出一匹黑马——有机发光二极管 OLED，LED 也面临固态光源中 OLED 的挑战。

一、什么是有机发光二极管

有机发光二极管（organic light-emitting diode，OLED）又称为有机电激光显示（organic electro luminesence display，OELD），是一种利用有机材料发光的半导体器件，其工作原理是利用有机材料的半导体特性，通过电子和空穴的复合过程来发光。它具有轻薄柔性、高对比度、快速响应、低功耗等特点，被广泛应用于显示技术和照明领域。

　　OLED 器件的基本结构是将一薄而透明具半导体特性的铟锡氧化物（ITO）与电源的正极相连，配合另一个金属阴极，包成如三明治的结构，如图 4–32 所示。整个结构层中包括基板、阳极、空穴注入层、空穴传输层、发光层、电子传输层、电子注入层、阴极等。基板是整个器件的基础，所有功能层都需要蒸镀到器件的基板上。通常采用玻璃作为器件的基板，但是如果需要制作可弯曲的柔性 OLED 器件，则需要使用其他材料（如塑料等）作为器件的基板。发光层为器件电子和空穴复合发光的地方，采用非常薄的有机材料涂层，目前，常用的有机材料是有机小分子和聚合物两种。

　　有机发光二极管（OLED）的原理与普通发光二极管（LED）发光的原理相同。有机发光二极管的工作原理是基于电致发光（Electroluminescence）

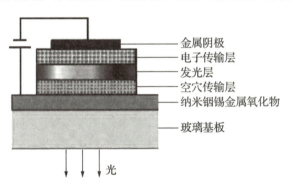

图 4–32　OLED 结构示意图　　　　图 4–33 OLED 柔性触摸屏外形

（a）LED 显示　　　　　　　　（b）OLED 显示

图 4–34　LED 与 OLED 显示的区别

效应。在有机发光二极管内部，有两个电极：阴极（cathode）和阳极（anode），它们之间夹杂着有机发光层。当正向电压施加到有机发光二极管上时，电子从阴极注入有机发光层，同时空穴从阳极注入有机发光层。这些电子和空穴在有机发光层中复合，释放出能量并将其转化为光能。这样，有机发光二极管就发出了光。

二、OLED 技术的诞生

有机发光二极管诞生于 1987 年，由柯达公司罗切斯特实验室的邓青云博士及同事范斯莱克（Van Slyke）发明。

邓青云是出生于中国香港的美籍华裔发明家，下面将其简历和研究经历做一介绍。

邓青云（Ching W. Tang，1947—　），1947 年 7 月出生于香港元朗，美籍华裔材料物理学家和化学家，美国国家工程院院士、香港科学院创院院士、香港工程科学院院士，沃尔夫化学奖首位华人得主，先进显示与光电子技术国家重点实验室主任。

邓青云 1970 年毕业于英属哥伦比亚大学化学系，1975 年获康奈尔大学物理化学博士学位，其后进入柯达研究实验室担任研究科学家；2003 年成为柯达研究实验室特聘研究员。

邓青云以有机光电子学的研究而闻名，其研究领域是关于有机半导体为基础的电子设备，其中以有机发光二极管（OLED）的发明最具代表性，被誉为"OLED 之父"。

图 4-35　邓青云

邓青云实际上早在 1979 年就发现了有机电致发光现象。1979 年的一天晚上，他在回家的路上忽然想起有东西忘记在实验室，于是就返回实验室。他发现在黑暗中有一个发亮的东西，原来是一个实验用的有机蓄电池在发光。由此他展开了对有机电致发光器件的研究。

1987 年美国柯达光电信息工程概论公司的邓青云教授和范斯莱克采用超薄膜技术，用透明导电膜做阳极、AlQ₃（八羟基喹啉铝）做发光层、三芳胺做空穴传输层、Mg/Ag 合金做阴极，制成了第一个双层有机电致发光器件（图 4-36），实现了有机薄膜二极管发光，从而开启了有机二极管发光的历史。邓青云教授也因此被称为"OLED 之父"。1990 年，英国剑桥大学卡文迪许实验室的 J.H. 布罗厄斯（Jeremy Burroughes）等人也成功研制出聚合物高分子有机发光二极管，称为 PLED（polymer LED），形成两大类有机发光器件系列，目前均已开发出成熟产品。

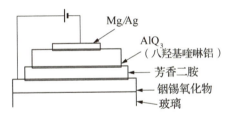

图 4-36　邓青云首创的双层电致发光器件

邓青云在美国柯达研究实验室担任研究员时，于 1986 至 1989 年期间发表多篇论文，推动有机光电子学的发展，当中包括发现双层有机电子发光器件，借当中电荷的相应变化从而制造出高效能的光电子器件。

继研究出有机太阳能电池后，邓青云于 1987 年在《应用物理快报》（*Appl. Phys. Lett.*）上发表论文《有机场致发光二极管》（*Organic Electroluminescent Diodes*），首次报道了基于具有双层夹心式结构（所谓"三明治"结构）的高亮度、低驱动电压、高效率的有机小分子发光二极管。他的研究促成 OLED 技术的诞生。他于 1989 年研发的调校 OLED 色彩技术，亦带动了全彩色 OLED 显示屏的制造与发展。

截至 2011 年 3 月，邓青云在有机发光、太阳电池、静电照相等方面拥有 95 项美国专利。邓青云不仅研究成果如他的名字一样——直上青云，而且他的获奖荣誉也是硕果累累：2011 年他获得沃尔夫化学奖，2018 年入选美国国家发明家名人堂；2019 年他获得先进科技京都奖，等等。

近年来邓青云常来华做客讲学，并受聘为华南理工大学、上海大学、苏州大学的荣誉教授。

学术界给予邓教授很高评价。2019 年京都奖评语：邓青云在有机发光二极管高效化和实用化方面做出了先驱性贡献。香港大学评语称：邓青云的好奇心、热情、毅力和仁慈，当然还有他的发明创造，不但引领了道路，更为未来许多年里全新和令人激动的发现照亮了道路。清华大学评语称：邓青云教授里程碑式的发现推动了以有机发光二极管为代表的有机光电产业的发展。

三、有机发光二极管的优缺点

1. OLED 的优点

（1）自发光（self-emissive），视角广达 170℃ 以上，可在很大的角度内观看。

（2）反应时间快：微秒级反应时间，可以实现精彩的视频重放，无一般 LCD 残影现象。

（3）高亮度（100 ～ 14 000 cd/m^2）。

（4）高光效（16 ～ 38 lm/W）。

（5）低操作电压（3 ～ 9 V DC），低功率消耗。

（6）全彩化。

（7）面板厚度薄（2 mm）。

（8）可制作大尺寸与可挠曲性面板。

（9）使用温度范围大，在 -40℃ 能正常显示。

（10）OLED 器件为全固态机构，无真空、液体物质，抗震性好，可以适应巨大的加速度、振动环境。

（11）制程简单，具有低成本的潜力。

2. OLED 的缺点

（1）短寿命：寿命通常只有 5 000 小时。

（2）易烧屏：OLED 屏在长时间显示静态图像时，可能会导致屏幕出现烧屏现象，即图像残留或像素损坏。

（3）像素密度低：屏幕的像素点数量较少，屏幕显示的清晰度差。

（4）色彩纯度不够：不容易显示出鲜艳、浓郁的色彩。

（5）能耗较高：OLED 屏幕在显示高亮度和大量白色像素时能耗较高。

（6）制作成本高：OLED 面板的生产难度高，所以价格比较昂贵。

（7）不够亮也不够暗：OLED 显示明暗调节性能比较差。

随着 OLED 技术的不断发展，OLED 屏幕技术也在不断改进和创新。新一代的 OLED 屏幕可能会解决当前存在的一些问题，并提供更好的显示性能。而且随着有机材料和器件结构的不断优化，有机发光二极管的性能将进一步提升，以实现更好的视觉体验和照明效果。

(a) 显示屏　　(b) 数码相机

(c) 手机　　(d) 电视机　　(e) 照明

图 4-37　有机发光二极管应用实例

四、有机发光二极管的前景展望

目前，OLED 主要用于平面显示，已开始向照明领域扩展。

现在 OLED 产品已广泛应用于手机、MP3、MP4、游戏机、数码相机、汽车仪表和电视机等各种显示设备（图 4-37）， 也正逐步进入照明市场。但目前 OLED 的亮度、使用寿命、发光效率和价格还需进一步突破， 才可引领照明技术的变革和创新， 真正成为照明领域耀眼的明珠。

OLED 具有广阔的应用前景，主要用于如下领域：

（1）商业领域：如 POS 机和 ATM 机，复印机，游戏机等；

（2）通信领域：如手机，移动网络终端等；

（3）计算机领域：如掌上电脑（PDA），商用和家用计算机等；

（4）消费类电子产品领域：如音响设备，数码相机，便携式 DVD、电视机等；

（5）工业应用领域：如仪器仪表等；

（6）交通领域：如 GPS，飞机仪表等。

总之，OLED 是继 LED 之后又一种更为优秀的固体电光源，尽管目前技术还不够成熟，有一些缺点和不足之处，但随着技术的进步和应用领域的扩大，其发展前景是美好和广阔的，让我们拭目以待吧。

第六节　我国对 LED 有突出贡献者

2019 年 9 月 28 日，"中国照明行业 70 年 70 人"荣誉榜单由《第一设计》全媒体平台正式对外公示，蔡祖泉等 70 位在照明研发、设计、工程、产品领域具有杰出贡献的代表人物入选榜单，并获颁荣誉证书及纪念勋章，这是新中国首份照明行业的英雄谱，似照明行业的"封神榜"。

2019 年是中华人民共和国成立 70 周年。70 年间，照明行业从传统照明到 LED 照明再到智能照明，发生了沧海桑田的变化。短短 70 年，中国照明行业在一代代照明科技工作者的努力下，蓬勃发展，不断壮大。为新中国壮丽的发展历程留下了一笔笔浓墨重彩的精彩瞬间。在此过程中，照明行业各领域内涌现出了一大批杰出人物，他们为填补国内电光源领域科研空白、推进美丽中国城市建设、提升国家形象、架构中外产业沟通桥梁等方面做出了重要贡献。他们中有专家教授、工程师技师，也有企业家董事长，他们呕心沥血，不辞劳苦，砥砺奋进，为我国的照明事业的发展做出卓越贡献。当我们享受着灿烂灯光带来的光明与美好时，勿忘老一辈开拓者和新一代才俊的功劳，向他们学习，向他们致敬。

这 70 位代表人物中，对 LED 和 OLED 有突出贡献者包括：被誉为中国 LED 元老、启蒙者和拓荒者的方志烈教授；带领团队开展半导体照明与人居环境光健康的循证研究和应用的赫洛西教授；率先研制成功高光效硅基蓝光 LED 材料与芯片，以及开拓了由黄光芯片驱动、无荧光粉的 LED 照明新方向的江风益院士；带领银河兰晶照明电器公司实现传统光源向 LED 光源成功转型的胡波董事长；将上海三思电子工程公司打造成世界知名 LED 科技企业的陈必寿董事长；带领团队闯出蓝光 LED 全球第三条技术之路，于全球率先实现硅衬底 LED 芯片量产和应用的王敏；等等。

限于篇幅，这里仅作简要介绍。

第五章

照明电光源的未来展望

电光源家族的代言人——白首翁做最后发言：我讲了四回电光源家族的历史，临结束前，我们共同展望一下照明电光源的未来，即展望这个家族将如何传承，如何再创辉煌，如何继续为人类贡献力量。

第一节　新时代对电光源的基本要求

回顾过去电光源的照明史，白炽灯、卤钨灯、荧光灯、高压汞灯、高压氙灯、金属卤化物灯、紧凑荧光灯、无极荧光灯和 LED 固体光源等新光源不断问世，可谓日新月异。正所谓："一代新灯换旧灯，一代更比一代强。"灯的光芒照耀着人类走向未来的道路。然而人们从来都不会满足，还在不断努力、不断探索、不断前进，在新世纪人们期望高光品质、舒适健康的照明，更加符合人们日常生活的需求。那么新时代人们对电光源的基本要求是什么呢？主要有如下几个方面。

一、高发光效率

提高发光效率一直是电光源追求的主要目标。回溯既往，白炽灯的光效为 10 ~ 20 lm/W，而荧光灯和高压汞灯的光效为 50 lm/W 左右，高压钠灯和金属卤化物灯的光效为 80 ~ 100 lm/W。现在国际上相继研制成功的超高光效金属卤化物灯和高压钠灯，光效超过 130 lm/W。随着科学技术的发展和对光源的深入研究，会有更高效的光源出现。提高发光效率对节省能源具有十分重要的意义，提高发光效率仍然是今后电光源研究的首要任务。

二、长寿命

光源寿命是人工照明中一项重要的技术指标。延长寿命可降低光源成本，节省资源。此外，对简化照明的安装、维修、使用也是极其重要的。目前，随着新材料新工艺的采用，普通白炽灯的额定寿命由 1 000 小时延长到 2 000 小时，荧光灯寿命可达 10 000 小时以上。高压钠灯寿命可达到 20 000 小时，金属卤化物灯寿命可达 10 000 小时，卤钨灯的寿命为 3 000 小时。LED 灯的使用寿命可达 10 万小时。

三、高显色性

照明光源显色性差，造成视觉上的不舒适。人们在这种灯光下会有压抑感，脸色难看。所以人们对电光源的要求，不但要明亮，而且发出光的颜色也要好，希望被照物体的颜色失真很少，即光源的显色性要高。特别是在一些特殊的照明场合，如纺织、印染和印刷等工业部门照明，展览馆、博物馆、商场等处的照明，以及电影、电视、舞台、照相等艺术照明，对于光源显色性的要求就更高了。目前，在研制高显色性光源方面取得了进展，如已研制成功的高显色性荧光灯，显色指数可在 90 以上。

四、价格便宜

若想灯的价格便宜，就要降低光源的成本，首先就是降低光源材料的成本，以廉价的大量易得的材料取代稀有贵重材料，其次就是优化光源结构，提高生产效率，使用高效的自动化生产线等。

要降低照明成本，除要考虑光源结构简单外，也要尽量使灯具的附属装置及附件少而简单，灯具附件要实现小型化、轻量化、通用化。

请君试看，白炽灯虽然光效低，但因其生产自动化程度高，自动线每小时可生产 4 000 只以上，同时由于材料廉价、结构简单、使用方便、无附属装置和附件，因此与高光效的气体放电灯相比，仍然具有强大的生命力，有着较广的市场，年总产量仍然在各种电光源产量中相当可观。有些低收入家庭，宁愿灯暗一点，只要便宜，还是用它。而有的新型光源虽然光效高、显色性好、寿命长，却因成本高、使用复杂而不能快速普及，只能在特殊场合中使用。

此外，照明节电省钱，也是消费者希望的。评价任何革新性光源，最重要的问题是从现在的经济和节能方面进行考虑。

五、利于环保、安全可靠

汞灯中的汞以及其他有害材料不仅污染环境，而且会直接危害人体健康。目前，放电灯中所使用的汞约占该项资源的 0.3%，虽然已经对汞污染采取了一些有效措施，但是，对于有汞光源（如废旧日光灯管、高压汞灯、金属卤化物灯等）使用后的处理，至今仍缺乏理想的方法。听！有人疾呼：我们生活中需要无污染绿色环保的光源！

有一些高强度气体放电灯在工作时，会使空气中的氧游离，产生大量有特殊气味的臭氧，对人的鼻、喉很有害处。这主要是放电辐射的短波紫外线引起的。有些电光源在工作时，除辐射可见光外，还会辐射大量对人体有害的红外线、紫外线。有些气体放电灯在工作时，它的附件产生的电磁波对正常的无线电通信、广播、电视等均有影响。有些超高压放电灯在使用时，会由于本身质量或操作上的问题发生爆炸，使人受到伤害。

随着时代的进步，以人为本的健康照明理念日益深入人心，大众对身心健康的重视程度也逐步提升。采用利于环保、安全可靠的电光源照明，是人民大众殷切的希望。

第二节　照明电光源面临的挑战和机遇

当今世界能源危机和温室效应干扰人类前进的步伐。电光源的市场将面临许多挑战。如何应对这些挑战，又如何满足人们对电光源的上述基本要求，都促使电光源向着节能、绿色环保、安全可靠、高效长寿等方面发展。

一、从技术和工艺方面看

21世纪，电光源科技发展的主要趋势是提高光源的发光效率，改善电光源的显色性，延长寿命，开发体积小的高效节能光源。实现上述目的的主要途径是依靠电光源专家和工程技术人员，进一步研究新的发光机理，开发研制出新型光源材料，采用新工艺开发新型电光源，改进现有电光源的制造技术，采用新型的、自动化性能好的生产设备。

在生产技术和设备方面，无论是芯片还是封装产业，大部分工艺都实现了自动化，并不断向着智能化互联网自控技术发展。目前，封装技术仍在市场需求的推动下不断前进。

在过去的一个世纪里，电光源的出现和发展改变了人类照明的面貌。老灯不断改进，新灯层出不穷，新灯是在老灯的基础上发展起来的。新灯固然很好，可老灯也不是不中用。现在白炽灯、荧光灯、气体放电灯和LED灯这四大类照明电光源，正各自朝着光效高、光色好、寿命长的目标前进。除白炽灯外（属淘汰灯类），荧光灯、气体放电灯和LED灯这三类电光源目前处于"三国鼎立"的局面，暂时还不会出现由谁代替谁的问题。原因是这些光源都有各自的长处和短处，都有继续改进的余地，都有进一步发展的希望。

1. 白炽灯的东山再起

热辐射电光源的白炽灯、卤钨灯，其主要缺点是发光效率低、寿命短。它们只把输入电能的百分之几转换成可见光，而百分之九十以上的电能变成红外辐射浪费掉了。在能源短缺的情况下，2011年国家已下令淘汰高功率白炽灯。可是能不能在充分利用红外辐射能量上做文章，以及再去寻找新的热辐射发光材料代替钨丝，从而使白炽灯起死回生呢？随着科技的发展，照明工作者已找到答案，以下几个途径可进一步提高普通白炽灯光效：

（1）改变灯丝材料。主要是开发熔点高、工作温度下蒸发率小的材料。

（2）变更充气种类与压力。因为光效与充入气压及充入气体的原子量大小有关。如果采用原子量大的氙气充入7个标准大气压后，可以使光效达到21 lm/W的值。

（3）采用红外反射膜。涂敷红外反射膜于泡壳内壁，通过这层涂膜，把灯丝辐射的红外光能量重新反射回到灯丝上，变成加热灯丝的热能，以提高灯丝的温度，这样就可降低加热功率，从而提高光效。理论上，红外反射膜可使白炽灯提高光效60%以上，Au、Ag、Cu金属薄膜即可担此重任。

（4）小型化。普通白炽灯进一步小型化，也是提高有效光效的途径。

2. 荧光灯的发展前景

荧光灯的光色好、光效高、寿命长，最适宜做室内照明用。尽管LED灯作为一种新型的节能、环保电光源，将来有可能完全替代荧光灯，但目前LED灯的性能指标并未全部超过荧光灯。只要荧光灯的品种和性能进一步研究和提高，在照明电光源领域荧光灯仍可占据半壁江山。荧光灯或许可在下列方面不断改进。

（1）充氮气和缩小管径。当荧光灯的管直径从 38 毫米缩小到 26 毫米时能节电 10%。

（2）研发各类型紧凑荧光灯，并不断改进生产工艺技术，例如，在灯管中用各种汞齐（汞的化合物）代替液态汞，因为汞齐在生产中较为有效地解决了汞害，对降低灯管温升光衰和解决水银黑斑等问题有良好作用。紧凑型荧光灯采用汞齐可以提高灯的光效。

（3）电子化，即以电子镇流器代替普通电感镇流器，减轻荧光灯和灯具的重量，提高照明系统的发光效率。

（4）今后紧凑型荧光灯将朝着多用途、最优化和改善光电性能等方面发展。

（5）在荧光材料方面，研制多色温的高显色性荧光粉；提高荧光粉的量子效率；研制特种荧光粉，例如稀土三基色荧光粉，等等。

（6）研制无汞荧光灯。例如以氙代汞，因为氙的放电会产生连续的紫外辐射，利用它去激发管壁上的荧光粉时，会发射可见光。无汞荧光灯可彻底解决消灭汞害的难题。

3. 金属卤化物灯的未来展望

这种灯的最大优点是光效高、显色性好，但也暴露出了不少缺点，例如光色不稳定、寿命短等，严重地影响了它的发展和应用，这些问题需要着力解决。

（1）采用发光效率高的金属卤化物的络合物，能大幅度地提高灯的发光效率，并使显色指数提高。

（2）研发陶瓷管金属卤化物灯。采用半透明多晶氧化铝陶瓷管作外壳时，灯的光色等性能较稳定，寿命也长了。当然，陶瓷管的成本比石英高，不过随着生产技术的发展，成本会逐渐降低。

4. 高压钠灯的未来发展

目前高压钠灯生产技术已完全成熟，能够大批量生产。生产技术虽已成熟，但在灯用新材料的开发、品种的扩展、质量水平的提高方面仍须努力。

（1）进一步提高管壁材料的性能，开发新的灯种，例如，大功率高压钠灯。

（2）开发新的白色高压钠灯及提高寿命，研制与白色高压钠灯配套的镇流器及灯具，等等。

5. 半导体照明的未来发展

当前全球已进入半导体照明新时代。半导体照明亦称固体照明，包括发光二极管（LED）和有机发光二极管（OLED），具有高效、节能、环保、寿命长、色彩丰富等特点，成为当今照明行业的一大亮点、21世纪照明设计工程师的新宠。半导体照明实现了照明领域一场技术革命。目前，LED光源日趋成熟，OLED和激光光源曙光初现，半导体照明作为一种新型的节能、环保电光源产品，成了"天之骄子"，也代表了电光源未来的发展方向，发展前景和应用范围十分广阔。随着技术与产业的发展，半导体照明产业正在从原来的技术驱动转变为应用驱动。按需照明、智能照明、超越照明是半导体照明产业未来发展的重要趋势。半导体照明在健康照明、智能照明、农业、医疗、通信、安全等方面的技术和产业将有所突破。

据国家发改委发布的《半导体照明产业"十三五"发展规划》：我国半导体照明产业2016年起将朝智能化、信息化、品质化、标准化方向发展，进一步与纳米、量子点（纳米级别的半导体）、石墨烯等新材料融合，引领整个半导体产业加速发展。

在实现节能减排的政策要求下，以绿色环保为特色的新型电光源产品需求日益增长。在未来的市场中，环保型LED照明、OLED照明将会发展得更快一些。

（1）LED的发展前景广阔。

LED被认为是目前最先进的照明光源。随着LED技术的成熟，其价格也逐渐下降，使得其在市场上的占有率进一步提高。

为了满足不同需求，照明人士和厂家也在不断研究和改进 LED 照明技术，不断创新，力图提高其亮度。此外，通过调整 LED 芯片的光谱，实现不同色温和色彩的发光，使 LED 照明更加适用于不同场景，如家居、商业和室外。人们将在关注节能的同时，更希望 LED 满足健康和情调照明的要求，使之充分体现节能化、健康化、艺术化和人性化的特点。

LED 产业在未来的发展中将呈现技术创新、应用领域的拓展、智能化发展以及绿色环保等趋势。随着各种新技术的引入和应用场景的增多，LED 产业将持续发展。

今后 LED 应用领域将有更大拓展：首先，室外照明将是一个重要的发展方向。由于其高效节能和可调控性能优势，LED 照明将逐渐取代传统的路灯、街灯等。此外，LED 显示屏也将得到广泛的应用，包括室内显示屏、户外广告牌等。

未来，LED 照明技术有望在更多领域得到应用和发展。随着智能科技的兴起，智能照明产品将成为未来的发展趋势。人工智能、物联网等技术的引入，使得 LED 照明产品能够实现远程控制、智能调节，LED 照明技术将以其自身的光芒，改变人们的照明生活。LED 照明技术也将在家庭照明、商业照明、道路照明、医疗卫生、植物生长照明等领域展现出更多的应用潜力。

（2）OLED 成为新起之秀。

OLED 具有更高的柔性和透明度，可以制作更薄、更轻、更多样化的照明产品。近年来，OLED 技术在显示领域有了广泛应用，如手机屏幕、电视和车载显示屏等。不过，在照明领域的应用相对较少。未来，随着 OLED 技术的不断创新和成本的降低，其在照明领域的应用前景是十分宽广的。例如，可以制作具有可调光、可调颜色的柔性照明产品，应用于家居、商业和装饰等领域。

（3）新颖的其他照明电光源。

除 LED 与 OLED，还有一些新颖的照明电光源，例如多晶固态照明。利用这种技术，在多晶半导体材料中引入微小的缺陷，从而制出新型照明器件。与传统单晶结构相比，多晶结构具有更高的发光效率和更低的制造成本。未来，它可以提高照明产品的能效，降低成本，推动照明产业的可持续发展。再如，小型和微型 LED（ Mini/Micro LED），将 LED 芯片尺寸进一步减小，可制出小型和微型 LED。Mini/Micro LED 产品具有微小像素尺寸、超高分辨率、广色域和高对比度的特点，在显示领域可拓展新应用：可作为新型背光源、显示光源，应用于手机、电视、车用面板及电竞笔记本电脑上；也可制成超大型显示广告牌等特殊显示产品。总之，随着科学技术的不断发展，电光源家族中新灯辈出，大放光彩。

二、从社会效益方面看

1. 绿色环保成为照明新趋势

绿色环保是现代社会的重要目标，也是 LED 产业未来发展的重要方向。从社会效益来说，LED 照明具有高效节能的特点，通过取代传统的照明产品，可以有效降低照明能耗，减少碳排放。从经济效益来说，随着环境保护意识的增强，绿色环保也将逐渐成为消费者选购产品的重要考量。

在产品研发方面，研究人员可采取更多措施减少污染。如：研制少汞和无汞的放电灯；缩小荧光灯管管径和改进荧光粉涂覆工艺，以降低荧光粉用量；进一步发展高频荧光灯和直流荧光灯，提高发光稳定性，消除频闪效应，降低电磁辐射，消除噪声，以改善环境效果和视觉效果。

在能源利用方面，充分利用太阳能。太阳能是最清洁而又取之不尽的能源，21 世纪将按绿色照明的要求，做出积极的研究和推广应用，包括采用更小尺寸、更高效率的太阳能电池和相关的高效光源，在环保要求高、取得电能不便等场所优先应用。

2. 健康照明受到人们关注

健康照明是指通过改善光环境质量促进人们生理和心理健康的照明。健康照明关注照明所引发的视觉效应和非视觉效应，从而影响人的生理和情感。目前的健康照明主要通过调节光照的照度、均匀度、色温、显色性等指标，达到提高眼部舒适度、稳定情绪、改善氛围等目的。随着现代都市人群生活压力的不断增大，大众对身心健康的重视程度也逐步提升。在这一过程中，人们逐渐了解和认识到光对身心健康、舒适度和幸福感的影响，从而促进行业关注健康照明这一领域。受此影响，未来健康照明将有望成为行业发展和进步的重要方向。

三、 照明智能化成为未来趋势

随着物联网、云计算、大数据、人工智能等相关技术的蓬勃发展，智慧家庭、智慧楼宇、智慧城市相关产业高速发展，带动照明行业的智能化、网联化趋势。具有半导体属性的 LED 照明作为数据化连接过程的载体和界面，为照明产品的智能化提供了更多可能。智能照明将成为未来照明的重要发展方向。

首先，在照明应用方面，智能化技术将推动 LED 照明系统的智能化管理，包括亮度调节、时间控制、远程控制等。其次，智能化技术还将通过与其他系统的融合，实现更加智能、便捷的人机交互。最后，智能化技术还将促进 LED 产业的自动化生产，提高生产效率和产品品质。

在我国智能照明倡导者、生迪创始人沈锦祥先生看来，"智能照明并非独立地存在，它将成为智能生态系统的一部分，贯穿于我们的工作、生活之中，智能照明也并非简单的调光、调色，或者 APP 控制，它是一个将照明、安防、娱乐等多种功能集于一身的生态平台"。

现阶段我国智能照明系统行业处于初步发展阶段，人们逐步认同与接受此类新生事物，照明电光源采用智能控制系统，如果照明是可调的，则能够满足不同人的照明需求，节约能源。所以在商业领域、办公领域及公共设施领域，智能照明均有较好的发展前景，市场潜力巨大。

智能照明产品的出现，大大方便了我们的生活，在不久的将来，也许它还会从一定程度上改变人们的生活方式，从而提高我们的生活质量，让我们拭目以待。

应该说明，在照明领域的未来发展中，还有几种很有希望的新型光源：原子灯（也叫放射性灯或同位素灯）、化学灯（化学发光和生物发光），以及太阳能灯，这些不属于电光源范畴，所以就不多说了。

好了，关于照明电光源的未来就先谈这些吧！我们坚信光明之路宽广而漫长！明天的照明电光源种类将会越来越多，性能越来越好，寿命将会越来越长，将向着更低的功耗，更长的寿命，更高的发光效率，更好的色温等的方向发展，照明电光源的前景更加辉煌。我们期待照明电光源技术能够更好地满足人们对照明的需求，为人们的生活和工作带来更多便利和舒适。

附录

APPENDIXES

附录一　电光源常用术语

1.光通量：光源在单位时间向周围空间辐射并引起视觉的能量，称为光通量。单位为流明（lm）。

2.发光强度：光源在特定方向单位立体角内所发射的光通量，称为光源在该方向上的发光强度，简称光强。单位为坎德拉（cd）。

3.亮度：发光体在给定方向单位投影面积上的发光强度称为亮度。单位为每平方米坎德拉（cd/㎡）。

4.照度：单位面积上接受的光通量称为照度。单位为勒克司（lx）。

5.发光效率：照明光源输出的光能量与输入电功率的比值，也就是单位功率的光通量，简称光效。单位为流明每瓦（lm/W）。它是反映光源性能优劣的重要指标。

6.色温：当光源发光的颜色与黑体某一个温度下辐射的颜色相同时，此时黑体的温度称为光源的颜色温度，简称色温。单位为绝对温度 K。

7.光色：指"光源的颜色"，或色表。光色主要取决于光源的色温，色温 < 3 300 K 为暖色，3 300 K< 色温 <5 300 K 为中间色，色温 >5 300 K 为冷色。

8.演色性：光源对物体颜色呈现的程度称为演色性，也就是颜色的逼真程度，演色性高的光源对颜色的表现较好。又称显色性。一般以显色指数 Ra 表征显色性。标准颜色在标准光源的辐射下，显色指数 Ra 定为

100。显色指数越大，则失真越少，反之，失真越大，显色指数就越小。

9. 寿命：

全寿命：从灯点燃到损坏累计使用时间，用小时数（h）表示。

平均寿命：取一组灯样品，同时点燃到50%样品损坏，累计时间的平均值。

有效寿命：从灯点燃到光通量衰减为70% ~ 80% 额定值，累计的小时数。

10. 启燃时间：灯接通电源到光通量输出达额定值需要的时间。

11. 再启燃时间：灯熄灭后再点燃需要的时间。

12. 眩光：视野内出现的亮度过高及对比度过大，感到刺眼并降低观察能力的光线。

13. 闪烁：光源的光通量随电流的增减周期变化的现象。

14. 频闪效应：在一定频率变化的光照射下，观察到物体运动显现出不同于其实际运动的现象。 频闪效应是由光源的闪烁引起的，频闪效应对人们的工作和生活也有一定的影响。

15. 灯的功率：灯泡的设计功率值，是灯在额定电流下消耗的功率。

16. 光衰：灯燃点一定时间后光通量比刚开始下降的百分比。

附录二　照明电光源发展年表

时间	人物	事件
1809 年	汉弗莱·戴维	发明在两根碳棒之间强电流放电的弧光灯
1854 年	亨利·戈培尔	发明首个有实际效用的白炽灯
1876 年	亚布洛奇科夫	对弧光灯进行了较大的改革
1878 年	约瑟夫·斯旺	制成碳丝通电发光的真空灯泡，申请了专利
1879 年	托马斯·爱迪生	发明首个有广泛实用价值的碳丝白炽灯
1898 年	威廉·拉姆赛	发现稀有气体氖并制成氖灯
1901 年	彼得·库珀·休伊特	发明水银灯（低压汞灯）
1907 年	亨利·朗德	发现电流通过碳化硅二极管，发暗淡黄光
1909 年	威廉·柯立芝	发明钨丝白炽灯
1910 年	乔治·克洛德	研制出氖放电灯——霓虹灯
1913 年	欧文·朗缪尔	发明充氮螺旋钨丝灯
1923 年	康普顿，范沃希斯	研制成功低压钠灯
1927 年	埃德蒙·革末	申请了高压汞灯的发明专利
1927 年	奥列格·洛谢夫	发现掺杂质的 PN 结（二极管），通电会发光
1935 年	乔治·克洛德	在灯泡内充入氪气、氙气
1936 年	伊曼和塞耶	研制成功荧光灯
1938 年	哈罗德·埃哲顿	发明氙气闪光灯
1951 年	德国欧司朗公司	推出超高压短弧氙气灯
1955 年	鲁宾·布朗石泰	发现砷化镓二极管发红外线
1959 年	弗里德里希，威利	发明卤钨循环白炽灯——碘钨灯

时间	人物	事件
1961 年	吉伯特·雷令	申请了第一个金属卤化物灯专利
1961 年	布莱德和皮特曼	获砷化镓红外二极管的发明专利
1962 年	尼克·何伦亚克	发明红光 LED（发光二极管）
1964 年	美国通用电气公司	发明溴钨灯
1964 年	劳登，施密特，霍蒙瑙依	发明高压钠灯
1965 年	蔡祖泉	研制成功长弧氙灯
1965 年	罗伯特·科布尔	发明氧化铝半透明陶瓷材料
1967 年	弗里德里希	发明的短弧氙灯获得美国专利
1970 年	安德逊	申请了无极灯的专利
1972 年	乔治·克劳福德	发明橙黄光 LED
1976 年	詹·哈塞克	申请了无极灯的专利
1976 年	爱德华·哈默	造出了第一个紧凑型荧光灯
1987 年	邓青云，范斯莱克	发明有机发光二极管（OLED）
1993 年	中村修二	发明了蓝光 LED
1993 年	赤崎勇，天野浩	研制成功蓝光 LED
1996 年	中村修二	成功开发白光 LED
1997 年	比尔·施洛特	制成了白光 LED
2001 年	卡夫曼	用三基色荧光粉得到白光 LED
2018 年	黄维，王建浦	将钙钛矿 LED 外量子效率提高到 20.7%

参考文献

REFERENCES

［1］ 石中玉.电光源的今天和明天［M］.北京：科学出版社，1985.

［2］ 刘木清.LED 及其应用技术［M］.北京：化学工业出版社，2013.

［3］ 史光国.半导体发光二极管及固体照明［M］.北京：科学出版社，2007.

［4］ 杨清德.LED 工程应用技术［M］.北京：人民邮电出版社， 2010.

［5］ 杨清德，陈东.LED 施工宝典［M］.北京：机械工业出版社，2014.

［6］ 毛兴武，等.新一代绿色光源 LED 及其应用技术［M］.北京：人民邮
电出版社，2008.

［7］ 金雪英.灯之艺［M］.西安：陕西师范大学出版社，2007.

［8］ 吴育林，范嘉雷.LED 照明工程与设计［M］.南京：江苏科学技术出版社，
2015.

［9］ 朱志尧，苏曼华.灯［M］.上海：少年儿童出版社，1981.

［10］ 朱志尧，苏曼华.灯史［M］.沈阳：辽宁少年儿童出版社，1996.

［11］ 张爱堂，等.电光源［M］.北京：轻工业出版社，1986.

［12］ 陈育明，陈大华.节能照明光源新进展［M］.合肥：安徽科学技术出版社，
2016.

［13］ （英）J.R.柯顿，A.M.马斯登.光源与照明［M］.陈大华，等译.上海：
复旦大学出版社，2000.

［14］ 刘锡金，奚居雄.荧光灯使用常识［M］.北京：轻工业出版社，1987.

［15］丁有生，郑继雨.电光源原理概论［M］.上海：上海科学技术文献出版社，1994.

［16］蔡祖泉，等.电光源原理引论［M］.上海：复旦大学出版社，1988.

［17］李海沧.群灯灿烂［M］.北京：北京出版社，1980.

［18］诸昌铃.LED 显示屏系统原理与工程技术［M］.成都：电子科技大学出版社，2000.

［19］江源.电光源发展史（一）［J］.灯与照明，2010，34（1）.

［20］陈大华.光源的昨天、今天和明天［J］.灯与照明，2019，43（1）.

［21］陈大华.现代电光源进展的探讨［J］.电世界，2020，（1）.

［22］陈大华，等.霓虹灯制造技术与应用［M］.北京：中国轻工业出版社，1997.

［23］陈大华.照明光源的发展历程及未来展望［J］.照明工程学报，2019，30（1）.

［24］胡西园.追忆商海往事前尘［M］.北京：中国文史出版社，2006.

［25］聂东山，等.家用电器教程［M］.海口：南海出版公司，1996.

［26］余泉茂.无机发光材料研究及应用新进展［M］.合肥：中国科技大学出版社，2010.

［27］周太明.半导体照明的曙光［J］.照明工程学报，2004，15（2）.

［28］张昊东.几种常见光源的发光机制［J］.电子技术与软件工程，2017（1）.

［29］彭湛峰.人类照明发展史［J］.发明与创新（学生版），2007（06）.

［30］王占庆.发光二极管（LED）将引发照明领域的革命［J］.灯与照明，2005（03）.

［31］路秋生.LED 照明与应用［J］.灯与照明，2009（04）.

［32］陈大华，刘洋.绿色照明 LED 实用技术［M］.北京：化学工业出版社，2009.

［33］王晓刚.LED 照明应用技术［M］.北京：机械工业出版社，2011.

［34］余德友，等.七彩霓裳新光源：LED 与现代生活［M］.广州：广东科技出版社，2011.

［35］梁红兵．LED 人生：让历史告诉未来［M］．北京：机械工业出版社，2012.

［36］方志烈．发光二极管材料与器件的历史、现状与展望［J］．物理与高新技术，2003（05）．

［37］宋贤杰，李一明．照明电光源的发展与展望［J］．光源与照明，1997（1）．

［38］中国科学技术协会．照明科学与技术学科发展报告（2010–2011）［M］．北京：中国科学技术出版社，2011.

［39］沙振舜．等离子体自传（第二版）［M］．南京：南京大学出版社，2018.

［40］陈大华．微波硫灯［J］．光源与照明，2000，（02）．

［41］陈育明，陈大华，等．LVD 无极灯［M］．上海：复旦大学出版社，2009.

［42］陈大华．无极放电灯的机理和崛起［J］．中国照明电器，2000（7）．

［43］蔡伟新，陈大华，等．微波硫灯的研究［J］．现代计量测试，1998（5）．

［44］刘祖明．图解 LED 应用，从入门到精通［M］．北京：机械工业出版社，2013.